*La inteligencia
de los bosques*

ENRIQUE GARCÍA GÓMEZ

La inteligencia
de los bosques

GUADALMAZÁN

Guadalmazán • Colección Divulgación Científica
Corrección José López Falcón
Director editorial Antonio Cuesta
www.editorialguadalmazan.com
pedidos@almuzaralibros.com - info@almuzaralibros.com

Imprime: Gráficas La Paz
ISBN: 978-84-17547-52-3
Depósito Legal: CO-717-2021
Hecho e impreso en España-*Made and printed in Spain*

Índice

«Hubo árboles antes de que hubiera libros, y acaso cuando acaben los libros continúen los árboles. Y tal vez llegue la humanidad a un grado de cultura tal que no necesite ya de libros, pero siempre necesitará de árboles, y entonces abonará los árboles con libros».

MIGUEL DE UNAMUNO

Prólogo

Para amar a la naturaleza, como al arte o a la literatura, hay que entenderla; no se puede, o es muy difícil, admirar lo que no se conoce. Este libro trata justamente de eso, de cómo comprender mejor a los árboles —tanto de manera individual como colectiva—, su importancia histórica, su vida, sus secretos, sus estrategias y sus respuestas al ambiente que les rodea.

A lo largo de la historia los humanos y el bosque han mantenido una relación de agresión y protección mutua: el hombre elimina los árboles para practicar la agricultura y la ganadería, pero, pese a ello, mantiene respeto y, en ocasiones, culto a los árboles y al bosque. La historia muestra cómo en tiempos pasados la relación de los seres humanos con el bosque fue intensa y abundante en simbolismos mágicos. Las relaciones del hombre con los bosques han estado rodeadas de leyendas paganas o religiosas, siempre haciendo referencia a las agresiones que el bosque puede infligir al hombre a través de los monstruos, duendes y otros espíritus malignos o benignos que según las abundantes leyendas pueden vivir en él. Pero también el ser humano sabe que la vida en la Tierra no es posible sin la existencia de plantas, y el bosque se considera como el máximo representante del mundo vegetal. De esta certeza nace el respeto y el culto que las personas han sentido por los bosques y por los árboles a lo largo de la historia. Les guarda respeto porque vive de ellos, le tiene temor por las tenebrosidades que encierra y les rinde culto porque sabe que su existencia depende, en gran medida, de la existencia de bosques.

Cuando el hombre ha necesitado concentrar todo el poder de los dioses o de la naturaleza de una manera explícita, generalmente ha elegido un ejemplar, un árbol sobresaliente por su tamaño, su posición geográfica o por alguna referencia histórica o leyenda épica que se asocia con el árbol en cuestión. Así podemos encontrar el primer árbol sacro, o uno de los primeros documentados, como es la Encina de las Puertas Esceas, que posiblemente era el árbol de Troya. Esta encina fue el lugar de encuentro entre la diosa Atenea y Apolo para *limar sus diferencias*. Héctor se negó a luchar fuera de la copa de la encina, por entender que esta le concedía una protección especial y, finalmente, la Ilíada cuenta que Aquiles muere frente a las Puertas Esceas, junto a la mítica encina.

Muchas costumbres y tradiciones tienen sus orígenes en los árboles. Una muy extendida es la de colocar ramas verdes en las puertas o ventanas, con la creencia de que protegen las casas que habitamos. Así, las ramas de olivo y palmera, entre otras muchas, que los cristianos ponen en sus ventanas el Domingo de Ramos como símbolo de alegría y para asegurar que las penas y desgracias se quedan fuera de casa, porque los populares ramilletes no las dejan pasar durante el tiempo que permanezcan verdes, es un claro simbolismo de protección de bienes, regeneración de la vida y promesa de resurrección el próximo año. Similares orígenes y objetivos tienen la costumbre de poner ramas de muérdago y acebo a la puerta de las casas durante las fiestas navideñas de los cristianos.

El árbol de Navidad, como elemento del culto de los druidas a la vegetación, relacionado con el solsticio de invierno, se ha impuesto también en muchos países. Nada tiene que ver esta celebración de los druidas con la tradición cristiana, pues era y es hoy en muchos lugares totalmente pagana. Sin embargo, hoy en gran parte de la cultura cristiana está asociada con la Navidad y no con la celebración del solsticio de invierno como entonces, convirtiéndose así en un elemento incorporado a la celebración navideña.

Estos ejemplos vienen a demostrar la relación del ser humano con los árboles y con los bosques, y la utilización de estos como símbolos de protección y objeto de culto en las diferentes sociedades a lo largo de la historia.

Por otro lado, casi todos los grandes escritores, sobre todo los poetas, hacen referencia en su obra a la naturaleza en general, y a los árboles y bosques en particular: Walt Whitman, como maestro de la poesía de la naturaleza, y García Lorca, Delibes, Machado, Juan Ramón Jiménez, Unamuno y san Juan de la Cruz, entre otros, como grandes poetas que han hecho referencia en sus poemas a los árboles y a los montes. «El verde de los árboles es parte de mi sangre», decía Pessoa. Otro grande, Virgilio, decía que «a la encina nadie puede derribarla, ni la tempestad ni el viento, siempre resiste impávida...», y Ovidio escribía que «la encina es un gigante del antiguo mundo, que por sí sola es un bosque...».

Pese a todo lo dicho, la población mundial, tanto la rural como la más urbana, ha sido poco cuidadosa con los árboles y bosques. El afán arboricida de nuestra sociedad se ha puesto de manifiesto en los escritos de los ruralistas, los científicos y los grandes pensadores durante los tres últimos siglos, y en especial durante el siglo XIX y principios del XX.

Desde el último tercio del siglo pasado, en algunos sitios, jardines urbanos, barrios residenciales... el día que nace un niño se planta un árbol con su nombre en una placa, como símbolo de compromiso del recién nacido con la conservación de la naturaleza, lo que indica que en eso ha mejorado mucho la sociedad actual. Seguramente muchas de esas personas, ya adultas e integradas en la sociedad urbana en la que nos desenvolvemos la mayoría, no se hayan preocupado mucho de ese regalo —la plantación de un árbol— que con ilusión y el deseo de incentivar su amor por la naturaleza les hicieron sus padres al inicio de su vida. Para esas personas y para todas las demás que estén interesadas en conocer más en profundidad las bondades de los árboles está escrito este libro que el doctor en Medio Ambiente y académico numerario de la Real Academia de Bellas Artes y Ciencias Históricas de Toledo, Enrique García, nos presenta en esta ocasión.

El texto está escrito en un lenguaje directo, utilizando una terminología clara y natural que huye de tecnicismos no necesarios. Se explican procesos complejos de manera sencilla y entendible, e incluso entretenida. Rigor y divulgación se unen en un único cuerpo. Hacer sencillo lo difícil es una capacidad que está reservada solo a los grandes maestros. Enrique nos entrega una herramienta útil tanto para los doctos como para los aficionados. Todos aprenderemos y disfrutaremos con su lectura. Para entender los contenidos de este libro y poder disfrutar de su lectura solamente hace falta disponer de un poco de tiempo y del deseo de hacerlo. En sus manos está, posible lector.

Con tantas cosas tan atractivas que nos cuenta nos sucederá como con la lectura de una novela: no podremos dejar de leer hasta llegar al final, al desenlace, pues cualquier salto nos hará perder, con total seguridad, una buena trama.

Si el texto es excelente, qué decir de las imágenes. Son un complemento perfecto que nos ayudan a entender mucho mejor las cosas descritas. Cada apartado lleva una fotografía ilustrativa del contenido, imágenes que le añaden un importante valor estético y de comprensión de algunos de los conceptos más resbaladizos o difíciles de imaginar. Es verdad aquello de que una imagen vale más que, al menos, 999 palabras, por no pecar de exagerado.

La manera de cómo un observador ve y comprende el significado de la vida y el desarrollo de un árbol, su silueta y sus funciones ambientales, estéticas, etc., muy posiblemente cambiará después de haber leído este libro. Las diferencias entre lo que ve una persona con formación sobre esta cuestión al contemplar un árbol, una arboleda o un paisaje de bosque, y otra que no tiene la suficiente formación, se puede comparar, en mi opinión, a lo que ve y disfruta una persona que tiene conocimientos de arte, historia, mitología, etc., al contemplar el interior de una catedral, en comparación con otra que carece de ellos. Se disfrutan más aquellas cosas que se conocen. No se puede, o es muy difícil, comparar y valorar dos elementos distintos si no se conocen las diferencias, y esto, seguramente será cierto tanto para comparar dos cuadros de pintura como para comparar el tamaño, la forma y estructura de los frutos, las hojas o la forma de la copa de dos árboles.

GREGORIO MONTERO GONZÁLEZ
Doctor ingeniero de montes
Expresidente de la Sociedad Española de Ciencias Forestales

Echando raíces

«Hubo un tiempo en el que los seres humanos tenían raíces. A través de los árboles estaban unidos a la tierra y al entorno que los rodeaba. (…) Debemos echar raíces, estrechar lazos de afecto e identidad con el mundo al que pertenecemos y encontrar los caminos que nos devuelvan al bosque». IGNACIO ABELLA

EL INICIO DE TODO

Las semillas han caído al suelo del bosque. ¿Qué sucede después? Aquí empieza todo, o acaba, según se mire. ¿Qué fue antes, el huevo o la gallina? Efectivamente, las semillas son el eslabón inicial para la vida vegetal, los primeros momentos del ciclo vital, son plantas en potencia; pero también son el culmen, el momento álgido, la razón de la vida, por lo que las plantas han estado luchando durante días, semanas… o muchos años, por dejar su herencia genética, por contribuir cada una de ellas al mantenimiento de su especie, por intentar seguir poblando la mayor parte posible de la Tierra.

La semilla al caer al suelo lo primero que hace es echar raíces, mucho antes de que el brote crezca hacia arriba. Su suerte dependerá de muchos factores que tienen que unirse a su favor: época del año, humedad del suelo, temperatura del entorno, luminosidad, características internas y externas de las propias semillas… Si esa conjunción de factores es adecuada emite el rejo y se ancla al terreno. El primer paso está dado. Esta raíz inicial, la radícula, tiene que cumplir su primer cometido: fijarse al suelo, establecerse, asentarse en el lugar que el azar ha destinado a la semilla. Evita así posibles desplazamientos por el agua, el viento, el deslizamiento del terreno o el pisoteo de animales. Se hace sedentaria a la primera de cambio. Se prepara para crear su hogar, su propio hogar. Este anclaje del embrión a la tierra no tiene vuelta atrás. A partir de aquí no tiene movilidad, habrá que esperar, pues ya no hay posibilidad de resituarse en un sitio más húmedo, más soleado, más seco, más lejos de árboles adultos, menos peligroso. La suerte está echada.

Para que se produzca lo anterior, durante la germinación juega a su favor el *geotropismo* positivo, es decir, que las raíces crezcan a favor de la fuerza de la gravedad, huyendo del sol, independientemente de que la semilla haya caído boca abajo, boca arriba o de costado. Hay que recordar que *geo* significa «tierra» y *tropismo* es el movimiento de la planta provocado por un estímulo, en nuestro caso, la gravedad. El caso contrario sería el geotropismo negativo, el opuesto al que hemos descrito, es decir, el de los tallos, que permanentemente crecen hacia arriba, salvo contadas excepciones.

Las plantas no pueden caminar, pero surgida la raíz primaria pronto aparecen otras raicillas secundarias que se mueven por el entorno. Todas ellas dan estabilidad a la planta, amén de acceso al agua y a los nutrientes del suelo.

El sistema radicular proporciona anclaje y sujeción. Las raíces principales, las más gruesas, tienen capacidad de almacenamiento, y las secundarias, las más finas, son las que proporcionan el acceso al alimento y al agua. En cualquier caso, la emisión rápida de raíces es una carrera por la vida, para garantizar su supervivencia, de momento, durante los primeros meses o la primera estación adversa.

DE TAL TALLO TAL RAÍZ

Una pregunta habitual que se ha hecho casi todo el mundo alguna vez es la referida al tamaño que alcanzan las raíces de los árboles. No es una duda anatómica que despierte la curiosidad del público general, ni un acertijo típico de concursos o de crucigramas, es una inquietud que desvela a buena parte de los habitantes de los pueblos y ciudades. Los árboles son seres temidos cerca de las casas por los posibles daños que puedan causar sus *maléficas* raíces. Cuando alguien tiene cerca de su casa un árbol alguna vez se ha preguntado qué pasará por debajo de la superficie con aquello que no se ve y que podría estar actuando contra su propiedad. También es necesario conocer detalles del crecimiento y tamaño de las raíces cuando tenemos una parcela, patio o jardín junto a la vivienda y queremos plantar un árbol que nos sombree, nos proporcione frutos o nos alegre la vista.

No es fácil de responder, pues el tamaño y el volumen radicular no obedece a un modelo tipo que se pueda reproducir allí donde se planten ejemplares de una determinada especie. Pero una respuesta apropiada para casi todos los casos es que el sistema radicular normalmente es proporcional al tamaño del árbol o del arbusto visible, a la parte aérea de este; es decir, lo normal es que si plantamos un árbol que puede alcanzar un gran tamaño, sus raíces también ocuparán mucha proporción de terreno, y engordarán y crecerán según lo haga la parte aérea. Y, por el contrario, es raro que un arbolillo o un arbusto pequeño o mediano puedan afectar a la acera o los cimientos, pues sus raíces ni serán demasiado potentes ni se expandirán sin fin. Siempre, claro está, con numerosas excepciones, ya que la naturaleza, por suerte, no obedece en general a estereotipos rígidos.

Hay que tener en cuenta que las raíces dependen de la copa y, al mismo tiempo, la copa depende de las raíces. No puede existir una copa muy desarrollada, que crezca bien, transpire mucho y que realice la fotosíntesis muy eficientemente y que, al mismo tiempo, tenga pocas raíces. Pensemos en una bomba de bombear agua: si es muy potente extraerá mucha agua del pozo, pero si la manguera de salida fuese muy estrecha, la bomba acabaría colapsando y averiándose. Y, al contrario, si tiene pocos caballos de potencia proporcionará poco caudal, y si disponemos de una manguera con un diámetro exagerado de ancho el agua escurrirá suavemente, casi ridículamente. Por lo tanto, ambas partes, la parte aérea y la parte subterránea, deben estar equilibradas para trabajar a la perfección.

Germinación de loro todavía con restos de la cubierta de la semilla (*Prunus lusitanica*) (Robledo del Mazo. Toledo, España).

Bien es verdad que las plantas de climas secos suelen invertir más en biomasa radicular que en biomasa aérea, y en emitir potentes raíces pivotantes que sean capaces de llegar a las capas más húmedas del subsuelo o raíces engrosadas para poder almacenar la mayor cantidad de agua posible en momentos propicios. Mientras que muchas plantas de zonas áridas y semiáridas pueden tener del orden del 70-90% de la biomasa total acumulada en las raíces, las de zonas muy lluviosas en muchos casos no sobrepasan el 10-20% del total.[1] En algunas la desproporción es descomunal, como sucede en algunas plantas del género *Pachypodium* del desierto sudafricano, que pueden tener hasta 9 kilos de tubérculo, mientras que el conjunto de las hojas difícilmente alcanza un total de 30 gramos.

Se sabe que la alfalfa, una planta forrajera cultivada en todo el mundo, puede emitir sus raíces a decenas de metros de la planta madre; que especies de climas desérticos poseen largas estructuras radiculares que pueden alcanzar profundidades de más de cincuenta metros; que especies leñosas capaces de vivir en dunas, como el enebro marino y el pino piñonero en el Parque Nacional de Doñana, en España, se mueven al ritmo de las dunas y captan el agua situada en niveles muy profundos; que la retama, arbusto de apenas dos metros, puede llegar a profundizar sus raíces a más de veinte metros... Parece ser que la mayor capacidad de abastecerse de agua en periodos de sequía está directamente relacionada con la existencia de raíces profundas. Por esto último, en periodos extremadamente secos los árboles situados sobre sustratos que facilitan la penetración de las raíces toleran mejor la sequía que los que viven en terrenos poco penetrables.[2]

La profundidad de las raíces viene dada, fundamentalmente, por las características de la especie vegetal, por el tipo de suelo, por el clima y por la cantidad de agua disponible. De por sí, las plantas son perezosas, como seres vivos que son. No malgastan energía inútilmente, no dedican esfuerzos a crecer innecesariamente; de hecho, la inmensa mayoría de las especies leñosas esparcen sus raíces en los dos pri-

Raíz de retama profundizando en busca de agua
(*Retama sphaerocarpa*) (Toledo, España).

meros metros de profundidad, y la mayor parte en el medio metro superior del suelo.

Si el entorno es rico en agua y nutrientes, el sistema radicular será menor en relación con un determinado volumen de copa que, si escasean, lo que obligaría a la planta a expandirse mucho más por el suelo. Según algunas investigaciones la superficie ocupada por raíces puede estar entre dos y diez veces la superficie de la copa del árbol,[3] aunque la biomasa se estima que, en general, suele estar en una proporción uno a uno.

En climas áridos o semiáridos, los bosques y matorrales exploran el suelo a grandes profundidades, en busca de la deseada agua. En los bosques templados, con mayores precipitaciones y mejor repartidas a lo largo del año, todo el suelo superficial es una maraña de raíces.

La textura y estructura del suelo son factores determinantes para las raíces. Una planta en un suelo arenoso puede emitir raíces infinitamente más largas y profundas que esa misma planta en un suelo arcilloso. Los suelos arenosos están formados por partículas relativamente grandes, no cohesionadas, con muchos poros, que facilitan la penetración de las raíces —al igual que facilitan el paso del agua—. Por el contrario, un suelo arcilloso, dominado por partículas menores de 0,002 milímetros de diámetro, es un suelo pesado, que, debido al pequeño tamaño de las arcillas y de los huecos entre ellas, dificulta el crecimiento de raíces y el paso del agua. Es como si un árbol determinado en terreno arcilloso estuviese en una maceta, pues sus raíces no se alejarán demasiado, mientras que las raíces del mismo ejemplar se desmelenan en las arenas, expandiéndose y profundizando por doquier. Esto es importante en las zonas donde hay periodos relativamente largos entre épocas lluviosas. La supervivencia de la planta recién nacida, suceso que suele ocurrir en primavera, será más probable en una superficie con textura suelta, pues es más posible que el sistema de raíces haya profundizado mucho más antes de que se vuelva a secar la capa superficial del suelo.

Curiosamente, se ha comprobado en muchas ciudades, en las que tantas dificultades tiene el arbolado para desa-

Raíces arbóreas buscan el agua de un cenote (Yucatán, México) [Nicky Redl].

rrollarse, tanto por su parte aérea (edificios, cables, señales, semáforos...) como por su parte subterránea (compactación, escombros, tuberías, conducciones, cimentaciones...), que los árboles vegetan mucho mejor en aquellos suelos que están formados por partículas gruesas, incluso con cascotes y otros restos de obras, pues facilitan la penetración de las raíces hasta alcanzar lugares adecuados de humedad y riqueza nutritiva, lo cual permite al mismo tiempo la oxigenación de estas.

Por cierto, parece que las raíces no buscan el agua, como se expresa popularmente, sino que emiten sus tentáculos por doquier, al igual que las hormigas exploradoras investigan los territorios para informar a la colonia de todo aquello que pueda ser de interés. Crecen y crecen hasta encontrar agua y nutrientes, y entonces reforzarán su estructura en los lugares donde encuentran los recursos para crecer. Ello hace suponer que no todas las raíces están activas permanentemente, sino que trabajan cuando las condiciones del entorno son favorables. Para esto último es necesario que el árbol *sobredimensione* su sistema radicular, pues no siempre tiene las condiciones adecuadas en todas sus partes.[4]

UN MALLAZO MARAVILLOSO

En un terreno con suficiente cobertura vegetal, el suelo acaba totalmente cubierto de raíces, formando un mallazo que se convierte en un auténtico mantenedor del sustrato mineral. Este *encofrado* liga y cohesiona todas las partículas del suelo, impidiendo la erosión y que pierda la capa más fértil.

La caída de las gotas de lluvia sobre la parte aérea de los vegetales minimiza mucho el impacto del golpeteo y la capacidad erosiva del agua, pero una buena retícula de raíces evita casi en su totalidad el arrastre de materiales. Un buen pastizal, un buen matorral o una buena superficie arbolada asegurarán la protección del suelo, pues cualquiera de ellos tapizará en gran medida el terreno en el que se encuentra.

Lo más importante para que no exista erosión es que el suelo esté cubierto de vegetación. Hay especies como el rebollo o melojo (una de las especies de robles del suroeste europeo) que en condiciones normales conforman una alfombra de ejemplares adultos, brotes y raíces que convierten el suelo en una entidad casi inamovible. Poseen un sistema radical potente, con un eje central bastante profundo y desarrollado, y con numerosas raíces superficiales, con capacidad de producir matas periféricas tapizantes que forman una alfombra continua de brotes, que a su vez enraízan, y así sucesivamente. Por el contrario, en las zonas más áridas o en espacios desnudos —tras incendios forestales, sobrepastoreo…—, con poca o nula vegetación, el agua campa a sus anchas y genera procesos erosivos que, en muchos casos, son irreversibles.

Red de raíces de pino negro (*Pinus uncinata*) (Torla. Huesca, España).

Cuando la densidad de plantas es muy elevada, la de raíces también lo es. Muchas de las raíces acaban encontrándose unas a otras, de manera que acaban uniéndose, injertándose de manera natural, espontáneamente, formando un armazón único con la participación de muchos árboles distintos. Acaban siendo, en parte, un único organismo. Esos paseos de plátanos de sombra que observamos en muchos países, donde los servicios municipales de jardinería se empeñan en entrelazar sus ramas hasta que acaban soldándose y formando túneles de sombra, nos pueden dar una idea visual de lo que de manera natural se produce en el suelo, cerca de nosotros, pero oculto a nuestras indiscretas miradas.

Recuerdo ahora cómo en una plaza de un pueblo había varios ejemplares de olmos pumilas, conocidos también como olmos siberianos, y a uno de ellos, por la proximidad a una fuente a la que estaba afectando, el ayuntamiento consideró que había que quitarlo. Tras su tala le inyectaron en el tocón herbicida sistémico, aquel que penetra en el flujo de savia y es transportado a todas las partes de la planta, incluyendo las raíces, de manera que al poco tiempo el resto de los olmos de la plaza estaban intoxicados y con el follaje decaído. Situación muy distinta, aunque con un resultado final semejante, es la sucedida con varios ejemplares de abetos de Douglas plantados en un bosque alemán: un rayo impactó sobre uno de ellos y no solo mató al árbol afectado directamente, sino que también acabó con una decena de ellos situados en un radio de quince metros a la redonda. Compartieron una descarga eléctrica radicular.[5] Otro caso que nos demuestra que existen soldaduras radiculares que permiten el intercambio entre árboles cercanos es el de ciertas hayas tortuosas, que son capaces de transmitir ese carácter tortuoso de su ramaje a las hayas vecinas, de manera que se extienden más en anchura que en altura, con una marcada forma retorcida.[6]

Aunque también se ha comprobado que el desarrollo de las raíces depende de la proximidad de otras plantas, pues el sistema radicular de una planta es capaz de percibir la presencia de raíces ajenas. Cuanto más cerca del vegetal vecino más

Ilustración digital que recrea el sistema radicular de un pino
[Potapov Alexander].

escasez de recursos habrá, pues ese volumen de suelo ya estará explorado y explotado por su inquilino, de manera que el colindante se retrae de extender su red a un sitio ya ocupado. De esta manera, cuando hay elevada densidad de plantas, cada una de ellas reduce la extensión de sus raíces, pero desarrolla una red mucho más densa cerca de su tallo. Es como un pacto de no agresión y de respeto por el hogar propio.[7]

Por cierto, la estructura anatómica de una raíz es parecida a la de troncos y ramas. Lo podremos observar cuando las raíces quedan al descubierto —tras deslizamientos de terrenos, procesos erosivos, aperturas de caminos en laderas, afloramiento de raíces en suelos encharcados o compactados...—: apreciaremos cómo estas adoptan una configuración similar a las del tronco o ramas, con la misma corteza y aspecto visual.

Las raíces no solamente tienen la misión de sustentar y mantener ancladas a las plantas, o de suministrarles agua y nutrientes, sino que también realizan misiones fitocidas o se comportan como atrayentes de organismos beneficiosos. Las raíces segregan exudados —azúcares, ácidos orgánicos, etc.— que pueden hacer de repelente contra los patógenos o atraer bacterias beneficiosas, como ocurre en el caso de las bacterias que fijan nitrógeno al suelo en su alianza, por ejemplo, con las raíces de alisos o leguminosas. Además, estas secreciones ayudan a mejorar la resistencia a las plagas o a los ataques de herbívoros. Es curioso cómo este efecto se produce en mayor medida en las plantas silvestres que en las cultivadas, que con nuestro manejo permanente han perdido algunas de las propiedades con las que la naturaleza las había dotado. Tras años de selección artificial, los exudados radicales han perdido parte de las propiedades que sus congéneres silvestres sí conservan.[8]

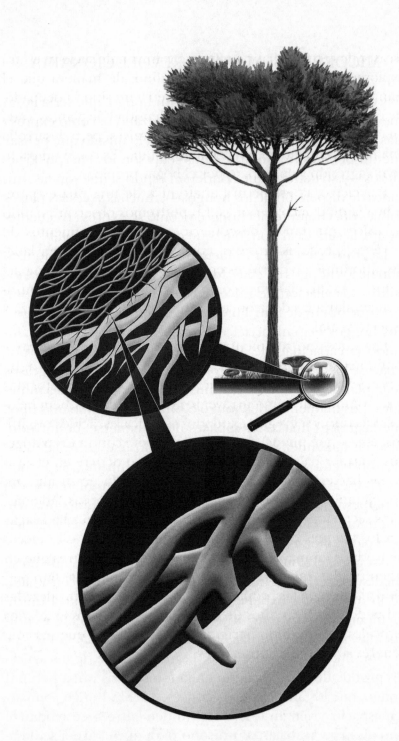

Ilustración de un sistema de micorrizas, la simbiosis entre un hongo *(mycos)* y las raíces *(rhizos)* de una planta, en este caso de un pino [Amadeu Blasco].

MICORRIZAS: ALIANZA REVOLUCIONARIA

Hay quienes piensan que la seta es un hongo, que sería igual que pensar que la manzana es un manzano o, como expresa más explícitamente Hope Jahren, sería lo mismo que pensar que un pene es un hombre.[9] Las setas son los cuerpos fructíferos —estructuras que contienen esporas, que son las unidades de dispersión de los hongos—, muchas veces las partes visibles del conjunto del hongo, y como se expresa frecuentemente, la seta es al hongo lo que el fruto es al árbol.

Las raíces, en general, facilitan la instalación o colonización de los hongos en ellas, formando las micorrizas, órganos mixtos (asociación de raíces con los hongos que las colonizan) que dotan de nutrientes tanto a plantas como a hongos. Los hongos ectomicorrícicos recubren las raíces incrementando la capacidad de absorción de agua y nutrientes por parte de los árboles. El hongo recibe azúcares y ácidos grasos de la planta y, a cambio, suministra a esta agua y sales minerales. Los filamentos del hongo o hifas, muchísimo más finos que las raíces finas, son capaces de extenderse, de introducirse en cualquier intersticio y de deslizarse entre los posibles obstáculos del suelo con un coste mínimo. Se estima que, para la misma longitud, la biomasa de un filamento del hongo es unas cien veces menor que la de una raíz fina. De esta manera, el hongo incrementa notablemente el volumen de suelo explorado por un árbol.

Así pues, el hongo obtiene del árbol unos jugos que no se encuentran en el suelo del bosque, que no se parecen a nada de lo que pueda haber en él, ya que esta sustancia dulce, suculenta, densa y nutritiva —la savia— únicamente es producida y atesorada por las plantas.

Durante los primeros años, la mayor parte de los azúcares producidos por la planta en la fotosíntesis van a parar al hongo, que los absorbe de las raíces. Árbol y hongo comparten espacio, viven juntos, se confunden entre sí, se ayudan el uno al otro y trabajan al unísono para que el árbol se desarrolle y pueda progresar en la lucha con otros congéneres u otras especies competidoras, permitiendo, claro está, que el hongo también obtenga mejoras y prosperidad. Asimismo, sucede que algunas sustancias nutritivas pueden pasar de un árbol a otro por vía micorrícica, estableciendo de esta manera una relación de continuidad física entre ellos, con flujos de materia y de información:[10] de hecho, en el medio forestal también existe el internet del bosque, en este caso *Wood Wide Web*, ya que los hongos conectan a todos los componentes del ecosistema forestal; lo oculto, lo que pisamos, sostiene lo que podemos ver.

Esta simbiosis o alianza entre raíces y hongos no solo les sirve para obtener recursos nutritivos, sino que les fortalece, de manera que les ayuda a protegerse mutuamente ante posibles parásitos. Los hongos protegen las plantas, sus aliadas obligatorias, mejorando su sistema inmunitario, generando toxinas, antibióticos o envolviendo las raíces para hacerlas inaccesibles a agentes nocivos. Pero no acaba aquí, pues la planta micorrizada también se defiende mejor contra los herbívoros o los hongos parásitos de las hojas, aunque estas se encuentren lejos de las raíces.[11]

Amanita muscaria junto a jara pringosa (*Cistus ladanifer*)
(Navas de Estena. Ciudad Real, España).

Los árboles, según lo visto, viven en red, como la sociedad actual. Un único árbol puede conectarse con filamentos de decenas de especies de hongos diferentes, y un solo hongo puede formar micorrizas con las raíces de una decena de árboles, incluso de especies distintas.[9] Como muestra, un abeto de 94 años que tenía conexiones con 47 árboles a través de los micelios de los hongos asociados.[12] De esta manera los bosques se pueden considerar como superorganismos. Los árboles juntos funcionan mejor, ¡la unión hace la fuerza!

Algunas veces que se fracasa en las repoblaciones el motivo no es otro que la inexistencia de hongos micorrícicos en los lugares de destino. En la época colonial los europeos intentaron cultivar pinos en América del Sur y en África, con la finalidad de fabricar mástiles para los barcos, pero fracasaron estrepitosamente. Los piñones sembrados no prosperaban como era deseable, pues las plántulas originadas crecían melindrosamente, hasta morir. Con el tiempo descubrieron que, si se sembraban en el suelo traído de Europa, los pinitos crecían sin problema. Ni más ni menos que, junto con los componentes minerales del suelo, viajaban también los hongos europeos. Hasta el punto de que, con posterioridad, algunos pinos —junto a sus hongos— se han convertido en invasores en los trópicos.[11]

Según lo anterior, deberá quedar claro que la supervivencia de la mayoría de las plantas depende de los hongos, organismos subterráneos y ocultos a la vista. Se considera que las plantas sin micorrizas apenas suponen el 10-15% del total, y se circunscriben normalmente a ciertos ambientes, tales como suelos ricos o húmedos, en los que el acceso a los nutrientes no suele ser limitante, o a entornos pioneros en los que los hongos no están presentes.

Pinus nigra (pino laricio) en el Arboretum de Rosemoor en la zona rural de Devon, Inglaterra, Reino Unido [Peter Turner Photography].

Por el tronco, por las ramas

«Si los humanos tuvieran que diseñar máquinas para subir cientos de litros de agua de las raíces hasta las copas, el bosque se convertiría en una cacofonía de bombas, ahogado en gases de motor diésel o atravesado por cables eléctricos. La economía de la evolución es demasiado austera y ahorradora para permitir un despilfarro de ese tipo, de modo que el agua se desplaza por los árboles en silencio y con fluidez». DAVID GEORGE HASKELL

BENDITA PRIMAVERA

Los árboles crecen en longitud (altura del tronco, crecimiento de ramas y raíces) y en grosor (madera hacia el interior y corteza hacia el exterior).

El tronco del árbol crece en altura como consecuencia de la actividad de los tejidos de la guía principal. Es más fácil apreciar este incremento en altura en las coníferas (abetos, cedros, araucarias, pinos...) que, en las frondosas, los árboles con hojas anchas y planas. En pinos de hasta unos 20 años, por ejemplo, se verá fácilmente el crecimiento anual, conocido como *metida*, pues se aprecia la longitud existente entre dos verticilos —la rodaja por donde brotan las ramas surgidas cada año— consecutivos, de manera que se puede conocer con bastante precisión su edad, sin cortar ni perforar el tronco.

El crecimiento de los árboles viene determinado por la conjunción de factores genéticos, ambientales y silvícolas. Las características de cada especie marcan el crecimiento poten-

«Metidas» de crecimiento en pinos laricios (*Pinus nigra*)
(Villar de Otero. León, España).

cial que debería tener, aunque después en la práctica no hay ningún individuo dentro de una misma especie que crezca y tenga la misma fisionomía que sus congéneres. El contexto ambiental determinará en gran medida el crecimiento de los árboles. El clima, el suelo y la fisiografía (orientación, pendiente, altitud) serán los factores abióticos que favorecerán o dificultarán el crecimiento, que también se verá influido por factores bióticos tales como plagas o enfermedades, competencia con otros ejemplares próximos —tanto de su misma especie como de cualquier otra—, herbivoría por parte de animales...

Los factores abióticos son difícilmente modificables; en cambio, los factores bióticos sí son más fáciles de modificar por la actividad humana. Los cuidados culturales o tratamientos selvícolas bien aplicados, unidos a una determinada gestión del territorio, pueden modificar en gran medida las formas, tamaños, salud... Podas, aclareos, lucha contra organismos nocivos, acotamiento al pastoreo, control de herbívoros, entre otros, pueden ser determinantes para conseguir árboles sanos, rectos, corpulentos y con buenos crecimientos.

En el ecuador o los trópicos el crecimiento es constante durante todo el año, pues no existen diferencias climatológicas remarcables a lo largo del mismo. Sin embargo, en las zonas templadas de la Tierra, con estaciones bien definidas, el crecimiento es diferencial a lo largo del ciclo anual. Su apogeo tiene lugar durante el llamado *periodo vegetativo*, que es aquel en el que hay condiciones adecuadas de temperatura y humedad, cosa que sucede entre la primavera y el otoño; si bien en verano, debido a su adversidad, en ambientes mediterráneos es un periodo de inactividad. Dependiendo de la altitud y la latitud, este periodo será más o menos largo.

Dentro de ese espacio de tiempo, que dura varios meses, el momento de mayor crecimiento es la primavera, época en la que confluyen la existencia de precipitaciones y el dominio de temperaturas adecuadas para el crecimiento. En el ámbito mediterráneo otra estación benigna para el crecimiento es el otoño, con condiciones semejantes a las primaverales. Y durante el invierno, debido al intenso frío, existe

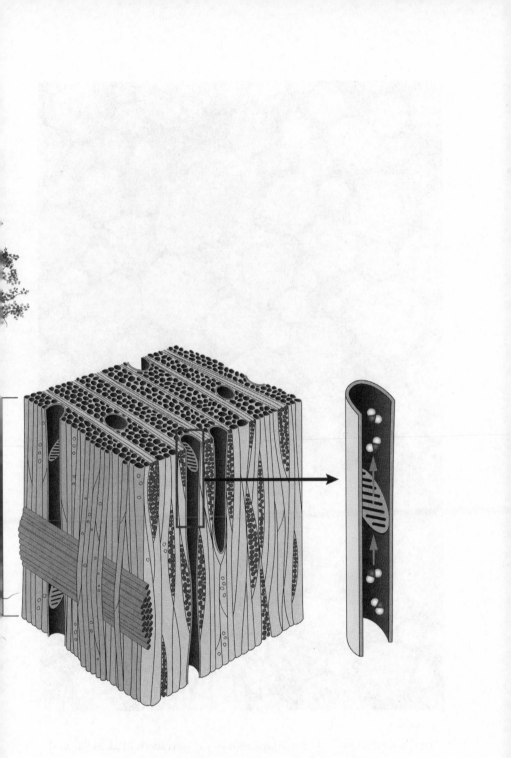

Esquema del transporte de agua en un árbol [Aldona Griskeviciene].

Troncos de distintos calibres depositados en un aserradero [Tadeas Skuhra].

un parón generalizado en el crecimiento, excepto en algunas zonas muy cálidas en las que no se producen heladas.

En los territorios dominados por el clima mediterráneo, el parón puede ser doble, por lo que, para las especies leñosas que vegetan ahí, bien podría valer el dicho *duermes más que un lirón*: durante el invierno por frío y abundantes heladas, y durante el verano por calor y sequía. Por eso se produce un crecimiento rápido en primavera —que en muchos casos es todo lo que va a crecer a lo largo del año— y un segundo periodo al principio del otoño, pues al final de este las plantas están pensando más en tirar las hojas e hibernar que en mantenerse alegres y lozanas. Está claro que vivir en el clima mediterráneo es todo menos cómodo y por ello la flora mediterránea tiene unas características distintas a las del resto del planeta.

Por cierto, ahora es el momento de recordar que el clima mediterráneo, y por lo tanto la vegetación mediterránea, no es solo exclusivo del entorno del mar Mediterráneo, sino que también existe en California y en zonas de Chile, Sudáfrica y Australia. Su rasgo característico y único es la existencia de un verano seco y cálido —cuando más calor hace menos lluvias se producen—, algo que solo ocurre en este clima.

UN ENCOFRADO IDEAL

La madera no deja de ser una acumulación de células ordenadas que forman el xilema (leño), un tejido lignificado, endurecido, leñoso, que transporta agua, sales minerales y nutrientes —savia bruta— desde las raíces hasta las hojas. Pero, además de servir de elemento conductor, tiene la función de sostén, de mantener erguido al vegetal.

El transporte inverso, que en este caso ya son azúcares —savia elaborada—, desde las hojas hasta el resto de la planta, lo lleva a cabo otro tejido vascular llamado floema, que siempre está en la parte exterior del leño, inmediatamente debajo de la corteza.

Tronco de tejo centenario (*Taxus baccata*)
(Robledo del Mazo. Toledo, España).

Cuanto mayor se va haciendo el árbol, más necesario se hace que este soporte mecánico sea capaz de resistir toda la estructura. Las células alargadas del xilema mueren en la madurez, aunque mantienen su estructura, y es entonces cuando se dedican a aumentar la resistencia mecánica.

Si apreciamos un corte transversal de un tronco o de una rama relativamente joven, veremos que normalmente es de color claro (si exceptuamos anillos de crecimiento tardíos, nudos de ramas u otras anomalías). Todo ello está vivo, activo, formando parte del sistema de transporte de la savia bruta y la savia elaborada, lo que genera vida y protegiendo al árbol de agresiones externas. Sin embargo, cuando ese corte se produce en un árbol añoso, se comprueba que la zona interna empieza a oscurecerse y la externa se mantiene clara. El interior, el duramen, también conocido como corazón. Está compuesto totalmente por células muertas, impregnadas de sustancias incrustantes que le dan mayor peso, dureza y durabilidad.

Depende de la velocidad de crecimiento del árbol el que esas diferencias colorimétricas se produzcan en ramas o troncos de mayor o menor grosor. En chopos, abedules o paulonias, especies de crecimiento rápido y vida corta, en términos de un árbol, el diámetro será muy grande y únicamente habrá tejidos vivos, claros. En tejos, enebros, encinas o secuoyas, que poseen crecimiento lento, aun cuando el diámetro no sea muy grande, se empezará a ver que el centro de la madera se empieza a oscurecer.

Con el paso de los años, el interior del tronco y de las ramas deja de tener función conductora para pasar a tener exclusivamente la función de dar estabilidad. Esa madera pasa de estar viva a estar muerta, como si fuese una de las

Un operario corta ramas de un eucalipto
en un jardín urbano[Orange Grove].

vigas que se utilizan en construcción. No se puede defender activamente de agresiones externas, pero da estabilidad estructural a la arquitectura del árbol. El árbol se ha generado su propio hormigón armado. La madera interna actuará de armazón, como las varillas de acero de un encofrado, y será la que dé resistencia y estabilidad. La madera externa, viva y elástica, será el hormigón. La combinación de los dos aportará unas capacidades mecánicas y biológicas difíciles de superar.

Gracias a esta estructura tan perfecta que nos proporciona la madera, los árboles pueden mantenerse en pie durante centenares de años, soportando decenas de metros de altura, convirtiéndose en seres extraordinariamente grandes y longevos.

La ruptura de esta estructura es la que sucede a menudo en el arbolado urbano, y la que genera tantos problemas para los árboles, los ayuntamientos, los ciudadanos y los bienes que se sitúan junto a los árboles. Muchas veces se podan ramas de gran diámetro, mal con el que el árbol y nosotros hemos de convivir hasta el final de la existencia de este. Con esa poda retiramos madera viva y madera estructural. Cuando brotan nuevas ramas próximas a la zona de corte, inicialmente crecen aparentemente normales, dando síntomas de que el árbol se está recuperando. Sin embargo, con el paso de los años esas ramas van adquiriendo un notable volumen y peso, lo que provocará —casi con toda seguridad— la quiebra y caída de las nuevas ramas. Resulta que a estas últimas les faltaban las *varillas de acero* que harían de unidad estructural con el resto del árbol. Esto mismo es lo que sucede con las fracturas de ramas y troncos tras nevadas intensas o vientos extremadamente fuertes y violentos.

Hay que pensar que un árbol, en condiciones normales, crece autoequilibrándose. Es él el que mejor sabe por dónde debe brotar, crecer, tupir. Al podarlo sin criterio y sin conocimiento de poda y de la biología de la especie y del propio ejemplar, es fácil que lo que consigamos es desequilibrarlo. ¡Tanto esfuerzo para tan nefasto resultado!

Secuoya gigante en los jardines de La Granja (*Sequoiadendron giganteum*)
(La Granja de San Ildefonso. Segovia, España).

UNA ESCALADA TITÁNICA

El leño, xilema, como hemos visto, se encarga de elevar el agua con las sales minerales y nutrientes que lleva disueltos desde las raíces a lo más alto del árbol. Lo más alto, que en algunos casos es altísimo, superando incluso los 100 metros en los árboles de más talla de la Tierra.

Los elementos conductores del xilema se componen de células muertas endurecidas que han perdido sus paredes transversales, de manera que una tras otra —hasta millares de ellas— forman conductos de diámetros microscópicos más o menos continuos, semejantes a las tuberías por donde circula el agua en un edificio.

Todos los organismos están formados por células, y cuando estos crecen se debe a que el número de células se ha multiplicado. En el caso de los animales las células tienen siempre el mismo tamaño, pero no sucede lo mismo con las plantas, ya que en estas últimas el tamaño de las células puede variar. Por lo tanto, el crecimiento de las plantas obedece al aumento del número de células y al aumento del tamaño de estas. Si todas las células de un árbol centenario tuviesen el tamaño de las células de un animal, el árbol tendría el tamaño del conejo que descansa en su base.[13]

Los árboles crecen y crecen para alcanzar la mayor altura posible y superar a sus competidores por la luz solar. La altura a la que el árbol crece depende de sus propias características genéticas, del entorno y de la altura de sus vecinos. El objetivo no es crecer ilimitadamente, sino crecer más que los demás, aunque, en cualquier caso, el crecimiento es finito.

La altura máxima parece que viene determinada por la altura a la que las columnas de savia bruta pueden llegar. Hay factores contrapuestos que actúan a favor o en contra de la ascensión de la savia bruta. El ascenso se produce gracias a que el agua absorbida por las raíces empuja hacia arriba la que ya estaba en el interior del árbol; y a su vez las hojas transpiran agua en forma de vapor de agua que pasa a la atmósfera, de manera que existe un efecto de succión que tira de la columna de agua hacia arriba. Todo ello acompa-

Ilustración de *Sequoiadendron giganteum*.
Publicado en *Le Tour du Monde*, París, 1860.

ñado de unas fuerzas de cohesión suficientes que impiden que las moléculas de agua se separen unas de otras y se mantenga continua la columna de savia, teniendo en cuenta que la diferencia de presión entre las raíces y las hojas tiene que ser suficiente para elevar la solución acuosa a través de toda la altura de la columna. La savia bruta llega a recorrer este camino tan tortuoso y lleno de obstáculos a velocidades de hasta un centímetro por segundo.[5]

Al mismo tiempo que lo anterior está sucediendo, otras fuerzas se oponen a ello. La gravedad tira del agua hacia abajo, sin olvidar que el rozamiento con las paredes de las canalizaciones dificulta el ascenso del fluido.

Las partes aéreas de las plantas, especialmente los troncos de los árboles, entre otras misiones, tienen que hacer frente a cargas mecánicas considerables: su propio peso, el azote del viento, el peso de la nieve... Así pues, una parte de la biomasa debe dedicarse a tareas estructurales, y cada vez más la parte estructural debe aumentar considerablemente con el incremento del tamaño.[14] Todo ello es posible gracias a que la madera está organizada jerárquicamente para proporcionar la máxima resistencia con un mínimo de material. Para un árbol los costes estructurales asociados con la geometría de la copa deben estar equilibrados con los beneficios fotosintéticos.[15]

Se ha calculado que la altura máxima que un árbol podría llegar a alcanzar, lo máximo a lo que ascendería la columna de savia bruta, sería poco más de 120 metros. Hay que tener en cuenta que, cuanto más alto es un árbol, más energía consume para crecer, por lo que a cierta altura es mayor el gasto energético para elevar el agua que los beneficios de medir un poquito más.[12] En torno al centenar de metros existen en el mundo ejemplares de secuoya gigante, de algunas especies de eucalipto o de abeto de Douglas, entre otros.

Abetos de Douglas en Oregón, Estados Unidos de América [Hugh K. Telleria].

LENTOS PERO SEGUROS

Como todo en la vida, hay seres con diferentes velocidades, los hay más rápidos y más lentos, cada uno a su ritmo. En el caso de los árboles, la verdad es que esos ritmos pueden ser disparatadamente distintos, no en velocidad de desplazamiento, sino en velocidad de crecimiento. Esto depende, fundamentalmente, de dos grandes causas: por un lado, obedece a las características genéticas de la especie y por otro lado a los factores ecológicos del entorno en el que habitan. Sin olvidar que una buena gestión selvícola de las masas arboladas pueden favorecer el crecimiento de estas.

Muchos de aquellos que crecen en terrenos húmedos, junto a ríos, arroyos, donde el agua no es el factor limitante, con presencia de humedad edáfica a lo largo del año, especialmente a lo largo del periodo estival, normalmente crecen y crecen sin parar. Los chopos, los álamos, los fresnos, los olmos, los alisos, los sauces..., todos ellos componentes de la vegetación ripícola, normalmente tienen unos crecimientos elevados en cada uno de los periodos vegetativos. Los chopos, por ejemplo, en los que el crecimiento se aprecia fenomenal por la altura que van alcanzando, es habitual que estiren más de un metro por año, al menos en los primeros años; de ahí que sean uno de los cultivos madereros más habituales de las vegas y sotos fluviales de buena parte del hemisferio norte. Ese rápido crecimiento, observado por todos, es el que hace que se produzca su mal uso en las zonas de clima mediterráneo u otros climas con escasas precipitaciones. ¿Cuántas veces no habremos visto hileras de chopos decrépitos en medio de parajes de secano? Hay personas que son capaces de apreciar que son especies que crecen rápido, pero que no llegan a entender que para que eso se produzca hay que tener un suministro permanente de agua. ¡Así sucede! Plantan filas de chopos en pleno secarral para que crezcan rápido y hagan una pantalla visual para mantener la privacidad de sus propiedades, y tras varios años de languidecer por falta de agua acaban secándose en su totalidad, sin haber llegado en ningún momento a cumplir la

Bosque de eucaliptos en el estado de Sao Paulo, Brasil [Alf Ribeiro].

misión que tenían encomendada. En algunos casos, los ideadores de estas plantaciones se acuerdan de que estas especies necesitan agua para su desarrollo, pero lo que no llegan a entender es que un riego por goteo dará lugar a un raquítico crecimiento inicial, pero que nunca puede suministrar esa humedad constante, masiva y homogénea de la ribera de un río.

Hay una máxima que se puede generalizar: los árboles de crecimiento rápido tienen, en general, poca longevidad, no llegan en la mayor parte de los casos al centenar de años. Y, al contrario, los árboles de crecimiento lento suelen ser aquellos que viven durante más tiempo, durante siglos: son lentos, pero seguros. Hay que tener en cuenta que la longevidad de los árboles, en general, nada tiene que ver con la de los seres humanos. Un árbol que muere por senescencia a los 80 o 100 años es muy poco longevo (como si una persona muriese de viejo en plena juventud), teniendo en cuenta que muchas de las especies arbóreas pueden vivir 200 o 300 años sin dificultad, y que otras llegan a disfrutar del milenio.

El agua suele ser el principal factor limitante. Por eso, en las zonas con precipitaciones relativamente abundantes los árboles en su conjunto tienen un crecimiento más o menos rápido y se generan bosques altos y densos. Sin embargo, en los territorios dominados por climas áridos, semiáridos o mediterráneos, el crecimiento es parsimonioso, en muchos casos ralentizado hasta la desesperación, lo cual produce bosques claros y con muy poca altura de sus componentes.

Existen especies que pueden competir por el crecimiento medio anual: chopos, eucaliptos, paulonias o pinos de Monterrey están entre los aventajados. Estos últimos, en buenas condiciones, pueden crecer entre un metro y metro y medio durante cada uno de los veinte primeros años de vida.[16] Por el lado contrario, también tenemos a componentes destacados: tejos, enebros, sabinas o ahuehuetes sobresalen por su lentitud, por su parsimonia. Tras el seguimiento de muchas especies hay quien considera que la sabina albar es la especie mediterránea ibérica con el crecimiento más lento, tanto en altura como en anchura.[17] En cualquier caso,

Anillos de crecimiento de un *Phellodendron amurense* [Igor Cheri].

hay que tener en cuenta que el crecimiento de los primeros años de los árboles nada tiene que ver con el que se produce cuando son adultos, en los que la altura se suele estancar y el crecimiento que se genera suele ser en grosor del tronco.

ANILLOS DE CRECIMIENTO, EL DISCO DURO DEL ÁRBOL

Las especies que crecen en climas con estaciones climatológicas marcadas cada año producen engrosamientos periódicos y concéntricos de troncos y ramas, procesos que se manifiestan en los anillos de crecimiento. Estos están compuestos por madera de primavera y madera de verano, que se diferencian por el color, el grosor y la densidad.

Si examinamos el tocón de un árbol, un corte transversal del tronco, se observan en la madera los anillos de crecimientos, semejantes a una diana de jugar a los dardos. Una de las capas de cada anillo, normalmente más ancha y clara, está formada por la madera de primavera o madera temprana; la otra capa, más estrecha y oscura, obedece a la madera de verano o madera tardía.

Al inicio del periodo vegetativo lo más importante es la conducción de agua, por lo que las células conductoras son más anchas —madera temprana—, mientras que al final lo más importante es sostener las nuevas estructuras generadas a lo largo de la temporada, por lo que se generan células más estrechas y con paredes engrosadas —madera tardía—.

La creación de madera de un año —cada anillo de crecimiento— depende por un lado de las características propias de la especie y del propio individuo, y por otro lado del ambiente que rodea a cada ejemplar y de las condiciones que han existido a lo largo de ese periodo de tiempo. Entre estas últimas se encuentran las precipitaciones, heladas, sequía, afección de enfermedades o plagas, incendios…

El cámbium es un tejido periférico, una capa de células madre que se divide y se multiplica con rapidez, responsable del engrosamiento de las plantas. Forma células de xilema (leño) hacia el interior —vasos que transportan la savia bruta— y células de floema (liber) hacia el exterior —vasos que transportan la savia elaborada—. Al finalizar la temporada de crecimiento, con el inicio de los fríos, produce células más pequeñas y de paredes celulares más gruesas, por lo que la densidad de esa zona del anillo aumenta y se reconoce un color más oscuro en una línea más fina que cierra el anillo de crecimiento del año.

El crecimiento en diámetro normalmente se desarrolla de manera rítmica, lo cual produce depósitos concéntricos de madera, o lo que es lo mismo, se forman los anillos de crecimiento. Los primeros años, cuando el árbol es joven, los árboles tienen un crecimiento más rápido, siempre y cuando se desarrolle en condiciones normales, sin competencia. Después, el crecimiento se estabiliza y, más tarde, en la senescencia, se ralentiza al máximo.

Como la práctica totalidad de seres vivos, los árboles crecen más al principio de la vida, cuando jóvenes, y se minimiza el crecimiento según se avanza en edad. Así pues, los anillos son gruesos en el interior y más estrechos según se va hacia el exterior. No crece lo mismo en un año un árbol de 90 o 190 años que uno que esté en los primeros años de su vida. Esto es así en condiciones normales, pero en la naturaleza la teoría en muchas ocasiones no se cumple a rajatabla. Si, tras un periodo de años secos, con anillos estrechos, le sigue un periodo de años lluviosos, los anillos posteriores serán más anchos. Si un árbol se encuentra dominado por otros de su entorno inmediato —por sombra, competencia por nutrientes y agua— prácticamente no crecerá nada, permanecerá estancado; sin embargo, al eliminar a sus vecinos es muy probable que durante los siguientes años tenga anillos de crecimiento con un grosor que no había conocido hasta al momento. Hay que recordar que las densidades bajas favorecen el crecimiento diametral de los árboles, pues, al existir menos competencia por la luz, no es necesario pelear por crecer y crecer en altura en busca de los rayos solares, sino que buena parte del crecimiento se realiza en grosor.

El crecimiento en diámetro no es uniforme a lo largo de la longitud del tronco, por lo que, para poder comparar o calcular, siempre se suele tomar las medidas del *diámetro normal*, es decir, el que tiene a 1,30 metros desde el suelo. Para calcular la edad hay que estimar el tiempo que tardó el árbol en alcanzar esta altura. La edad del árbol será la que corresponde a los anillos a la altura normal, más los años que tardase el árbol en alcanzar tal altura (en árboles de crecimiento rápido quizás un par de años y en los más lentos varios, más).

La madera de un árbol es su memoria. En ella se quedan registrados los avatares de la vida, como en un disco duro se conserva la información. Los anillos nos describen los cambios ecológicos o históricos que han rodeado al árbol, son un registro temporal de los aconteceres en la vida del árbol y nos enseñan los eventos y vicisitudes acaecidos en la historia vital de cada individuo. Son capaces de mostrarnos marcas o señales que quedan incrustadas en la madera: arroyadas intensas, deslizamientos de laderas, incendios, placas de hielo, etc.

Anillos de crecimiento en pino resinero recién cortado
(*Pinus pinaster*) (Segovia, España).

61

Un anillo grueso puede ser fruto de un año lluvioso, fruto de la adolescencia, puede ser grueso por un lado y estrecho por otro debido a la ausencia o presencia de competidores en los respectivos lados, la reacción a la poda o caída de una rama... El interior del árbol nos proporciona la información, solo hay que saber leerla.

También existen los anillos ausentes, aunque el propio nombre parezca una paradoja. En condiciones climáticas extremas o ataques severos de plagas, aunque fundamentalmente sucede cuando la precipitación acumulada a lo largo

A.E. Douglass muestra los anillo de crecimiento de una secuoya
[Arizona State Museum].

de un año es mínima, el cámbium vascular de un árbol o grupo de árboles no llega a activarse durante todo el periodo vegetativo, lo que da lugar a un anillo ausente; es decir, el tejido vegetal que hace crecer el tronco en grosor permanece inactivo a lo largo del periodo vegetativo adverso. Su presencia y frecuencia es un buen indicador para estudiar qué años fueron extremos para la vida del árbol.[18] Por otro lado, hay árboles que tienen la capacidad de vivir a la sombra de otros durante largos periodos de tiempo, de manera que aumentan sus oportunidades de beneficiarse con la muerte de árboles adultos de su proximidad y la consiguiente apertura de un claro en el bosque. Se sabe que árboles jóvenes pueden sobrevivir bajo una sombra densa sin tener crecimiento alguno en su diámetro durante más de cuarenta años.[19]

No se aprecian a simple vista los anillos en todas las especies, por lo que en algunos casos hay que usar dispositivos para apreciarlos y en otros no existen límites definidos que permitan apreciarlas. En las especies ecuatoriales, con crecimiento continuo a lo largo de los doce meses del año, no hay diferencias. En los bosques templados la distinción de los anillos es mucho más clara en las coníferas que en las frondosas. Para los *Quercus* mediterráneos perennifolios (encinas, alcornoques, coscojas), suelen ser necesarios análisis microscópicos o rayos X, pues no son especies donde los anillos de crecimiento queden claramente diferenciados. Sin embargo, los *Quercus* marcescentes y caducifolios (diferentes especies de robles), debido al gran diámetro de sus conductos vasculares primaverales, tienen anillos fácilmente diferenciables.

Como los anillos son internos del árbol, cuando no hay tocón o ramas cortadas, no los podemos ver. La extracción de madera de árboles vivos, para estudiar sus anillos y toda la información que contienen, se suele hacer con un pequeño aparato conocido como barrena de Pressler, que es una sonda o taladro hueco con boca cortante. Con este instrumento se extraen pequeñas muestras cilíndricas, *canutillos*, en dirección transversal y radial al centro de tronco, que recoge una pequeña porción de cada uno de los anillos anuales formados.

La relación entre los anillos de crecimiento y la edad de los árboles se conoce desde hace siglos. En la obra de Leonardo da Vinci (1452-1519) se encuentra la primera referencia escrita, donde incluso se indica la relación entre los anillos más anchos con años de primavera lluviosa.[20] Expresaba: «El aumento de grosor de las plantas se debe a un jugo que se genera en el mes de abril entre la envoltura y el leño del árbol, momento en que esa envoltura se convierte en corteza». Ya intuía que había algún tejido específico que generaba el engrosamiento del tronco, lo que más adelante se llamaría cámbium.

También es interesante ver cómo en 1918 el premio nobel de Literatura Hermann Hesse, en un momento de transformación y reencuentro interior en la naturaleza alpina y tras un largo periodo de abstinencia literaria, describía este conocimiento científico cuando hablaba de los árboles: «Cuando se ha talado un árbol y este muestra al mundo su herida mortal, en la clara circunferencia de su cepa y monumento puede leerse toda su historia: en los cercos y deformaciones están descritos con facilidad todo su sufrimiento, toda la lucha, todas las enfermedades, toda la dicha y prosperidad, los años frondosos, los ataques superados y las tormentas sobrevividas. Y cualquier campesino joven sabe que la madera más dura y noble tiene los cercos más estrechos...»[21]

Pero lo que no debemos caer es en la tentación de cortar un árbol para leer sus anillos y conocer su edad. El suceso más esperpéntico relacionado con esto, y para estupor de todos, aconteció el 6 de agosto de 1964. El tristemente famoso Donald R. Currey, en aquel momento estudiante de posgrado de la Universidad de Carolina del Norte, propició la tala de Prometeo, un pino longevo (*Pinus longaeva*) que crecía en el actual parque nacional de la Gran Cuenca (EE. UU.). Se creía que podría ser uno de los árboles más ancianos de la Tierra. El caso es que, tras su corta, se comprobó que era —con el verbo en pasado, claro— el organismo no clonado conocido más viejo del mundo, con unos 5000 años de vida. No es de extrañar que tras este suceso se mantenga en secreto la ubicación exacta del conocido como Matusalén, otro pino de la misma especie y de la misma zona, al que se le estima una vida de unos 4800 años, no vaya a ser que tentaciones semejantes o actos vandálicos acaben con otro de los ancianos de celulosa de este planeta.

Por cierto, quizás uno de esos árboles que tienen la capacidad de vivir a la sombra de otros durante años y años sea el Árbol Blanco de Gondor, que nos describe J. R. R. Tolkien en *El Señor de los Anillos*. Aragorn encontró un retoño de este árbol que había permanecido con escaso tamaño durante casi 300 años en un pequeño altiplano en la falda meridional de la montaña Mindolluin. Lo trasplantaron a la Ciudadela de Minas Tirith y en pocos años se hizo grande y fuerte.

DEPÓSITOS DE CO_2

Gracias a la capacidad que tienen los árboles de crear madera pueden mantenerse erguidos durante años y años, incluso siglos, incorporando anualmente capas de madera, hasta llegar a convertirse en seres muy grandes y longevos: los más grandes, longevos y pesados de la Tierra.

Los árboles, como cualquier otra planta, mediante la fotosíntesis son capaces de fijar dióxido de carbono atmosférico en forma de materia orgánica, tanto que el contenido de carbono en la madera es casi del 50%. Durante el periodo vegetativo existen pérdidas de carbono a través de la respiración, pero las ganancias fotosintéticas son mayores, por lo que tienen un balance neto positivo. Acumulan este elemento fundamentalmente en sus estructuras: tallos y ramas, raíces y hojas; es decir, los sistemas forestales actúan como sumideros de carbono, ya que existe un flujo neto de carbono desde la atmósfera al arbolado. Se estima, además, que la comunidad arbórea almacena en torno al 70% del carbono acumulado en la vegetación mundial.[22]

Hasta ahora nos fijábamos en los bosques por los beneficios económicos directos que generan, por los servicios ambientales, paisajísticos o recreativos que proporcionan, o

Deforestación en la selva tropical en Borneo, Malasia, para instaurar plantaciones de palma de aceite [Rich Carey].

por la biodiversidad que albergan, pero hoy día, y debido a la emergencia climática en la que nos encontramos, cada vez más los valoramos por convertirse en grandes sumideros y almacenes de carbono. Los bosques absorben y acumulan carbono en la biomasa, tanto por encima como por debajo del suelo; de hecho, se estima que en muchos casos las raíces representan hasta el 50% de la biomasa arbórea. Pero no solo los árboles acumulan el carbono, sino que el resto de los elementos del bosque —los suelos especialmente— actúan como sumideros, conformando un depósito natural inmenso. Se calcula que los suelos a escala mundial tienen un reservorio casi el doble que lo estimado en la flora de los bosques,[23] aunque con diferencias según dónde esten localizados: en latitudes elevadas, con clima frío y gran lentitud en la descomposición de la materia orgánica, el carbono del suelo puede ser superior al 80%; sin embargo en los trópicos, con temperaturas suaves y descomposición rápida de la materia orgánica, el carbono se distribuye a partes iguales entre suelo y vegetación.[24]

Para que un suelo se convierta en sumidero de carbono, es necesario que acumule materia orgánica. Se ha comprobado, por ejemplo, que en zonas del noroeste peninsular español los suelos cultivados tienen entre un 30 y un 50% menos carbono que los suelos forestales que se encuentran bajo las mismas condiciones climáticas y litológicas, mientras que los suelos de praderas —antaño bosques— han perdido entre un 25 y un 30% de su carbono original.[25]

Por lo tanto, los bosques son unos grandes aliados ante la crisis climática, y una buena gestión del territorio forestal, que en muchos países supone algo más de la mitad de su superficie, es una herramienta muy potente para ayudar a mitigar la presencia de gases de efecto invernadero en la atmósfera. El incremento de la capacidad de almacenamiento se puede producir ampliando la superficie de los ecosistemas forestales o, en los casos en los que sea posible, aumentando la densidad de arbolado. Con estas actuaciones no solo se secuestraría carbono, sino que habría una mejora de la biodiversidad y un apoyo al desarrollo rural.

Es verdad que, en un bosque maduro, estable, ya no ocurre asimilación neta de carbono, pues, al no poder aumentar la materia orgánica en el mismo el sistema, se encuentra saturado de este elemento. Actuará como depósito, pero como un depósito casi lleno, prácticamente a rebosar, pues no tendrá apenas capacidad de acumular más carbono. Además, es importante tener en cuenta que estos bosques son los que más carbono almacenan y en los que existe más biodiversidad. Es una relación directa, pues se ha comprobado que al mismo tiempo son los más ricos en diversidad de árboles y de aves forestales.[26]

No debemos olvidar que los árboles también son capaces de devolvernos lo que se guardaban. Con los incendios forestales, la tala de árboles o el derribo de estos por tormentas u otras circunstancias, el CO_2 vuelve a pasar de nuevo a la atmósfera. Tras la muerte de un árbol, con su descomposición, el carbono almacenado en la materia orgánica vuelve al ciclo, a la atmósfera.

Por cierto, el carbono es el cuarto elemento más abundante en el universo, en masa, posición que ocupa tras el hidrógeno, el helio y el oxígeno; mientras que en la corteza terrestre es el 15 elemento más abundante. Por su parte, en el cuerpo humano es el segundo más abundante (18,5%), después del oxígeno (65%).

¿TRONCO O ESTÍPITE?

Todo aquello que crece con un tronco único, grueso y alto es, para casi todo el mundo, un árbol. Sin embargo, los hay *más avezados* en botánica que distinguen entre árboles, pinos y palmeras. Las palmeras están más o menos claro; los pinos son, según esos duchos, los cipreses, los enebros, los cedros, los abetos, las araucarias, las piceas, tuyas… y, por supuesto, los pinos; y los árboles todo lo demás que no cabe en la clasificación anterior.

Algo de verdad hay en lo anterior: las palmeras no son árboles, son otra cosa muy distinta. Y poseen un falso tronco, conocido técnicamente como estipe o estípite. Y, desde luego, todos los demás son árboles.

Los árboles crecen de dentro hacia fuera, como hemos visto al hablar de los anillos de crecimiento. Tienen crecimiento secundario, es decir, las células del cámbium distribuyen sus células hijas tanto para el leño, hacia el interior, como para el líber, hacia el exterior del tronco y ramas.

Por otro lado, las palmeras acumulan hojas sobre el eje en el que crecen. Tras la muerte de estas se van acumulando sus bases y van formando el estípite, un tejido fibroso, esponjoso, desordenado, que nada tiene que ver con el interior del tronco de un árbol. El estípite suele ser único y no ramificado, columnar, aunque como siempre hay excepciones. No tiene la estructura de los troncos de los árboles, ya que carece de cámbium, es la yema terminal la que al crecer forma el estípite. Por ello, solo posee crecimiento primario, en altura, y carece del secundario, en grosor. Los estípites engordan hasta conseguir el tamaño adulto en toda su longitud sin aumento de diámetro gracias a que las células de los tejidos jóvenes aumentan de volumen dejando entre sí espacios de aire. Al contrario que en los árboles, la savia circula principalmente por la parte interna del estípite, proporcionando una mayor resistencia al fuego; pero por esto mismo no son capaces de regenerar los tejidos externos dañados por cualquier motivo.[27]

Al cortar el falso tronco de las palmeras no encontraremos nunca los anillos de crecimiento de un árbol, sino que su sección estará llena de numerosos vasos conductores, pequeños conductos filamentosos y fibrosos. Por ello, esta estructura es mucho más flexible que las de los árboles, que como hemos visto con anterioridad está *encofrada*, lo que les permite doblarse y cimbrear sin problemas en tormentas huracanadas, frecuentes en sus sitios de origen.

La parte externa suele estar cubierta por las fibras y restos de las hojas viejas, aunque en algunas especies está totalmente desnuda y lisa, a veces claramente anillada, indicando dónde se encontraba la inserción de las hojas antes de su caída.

Estípite de palmera canaria (*Phoenix canariensis*) (Castellón, España).

Por cierto, prácticamente todas las palmeras que vemos en Europa son introducidas. Las más de dos mil especies de palmas existentes en el mundo son, en su inmensa mayoría, tropicales y subtropicales, distribuidas por toda la Tierra. En la costa mediterránea europea solo hay una palmera autóctona, el palmito, pequeño arbusto con estipes muy cortos que echan retoños achaparrados y que se encuentra distribuido por toda la franja costera. Además, en Canarias, crece de forma natural la palmera canaria, muy extendida como ornamental a lo largo y ancho del mundo.

LA PIEL VEGETAL

La corteza es una compleja y diversa capa de tejido que rodea la madera de árboles y arbustos, la que conecta —o separa— el tallo con el exterior. Esa posición es la que hace que sirva de protección contra el fuego, contra la desecación, contra los animales, las posibles plagas o enfermedades... Está compuesta por dos partes: la corteza externa, formada por células muertas, y la corteza interna, formada por tejidos vivos. Esta última transporta savia elaborada desde las hojas al resto de la planta.

La corteza en los árboles hace una función semejante a la piel en los humanos: protege de buena parte de los avatares e inclemencias del mundo exterior. Además, evoluciona de manera semejante: cuando joven es tersa, lisa y suave, y según van pasando los años se agrieta, se vuelve rugosa y áspera. También tienen una regeneración continua, de manera que pierde escamas y placas permanentemente y genera nueva vida en su interior. Eso sí, mientras que la parte más externa de la corteza vegetal se compone de tejidos muertos, en el caso de la piel permanece viva y sensible.

Los pliegues y arrugas de los árboles se producen primero en la parte basal, que es la más vieja. Hay especies que empiezan pronto a arrugarse, como las encinas, los robles, los pinos o las secuoyas. Sin embargo, otras se mantienen lisas durante

Corteza de abedul (*Betula pendula*) (Torla. Huesca, España).

muchos más años, como los chopos, las hayas o los acebos. Ello depende de la velocidad de descamación. Estos últimos tienen una velocidad de renovación muy rápida, por lo que su piel se mantiene delgada y se adapta a la perfección al diámetro del tronco, las ramas o las raíces, de manera que no necesita desgarrarse para expandirse.[5] En las especies en las que empieza pronto su agrietamiento cortical, la descamación es mucho más lenta que la regeneración interna, lo que produce cortezas relativamente gruesas, de varios centímetros en muchos casos; de esta manera, para adaptarse al aumento del diámetro la parte externa, muerta al no recibir ni agua ni nutrientes, no tiene más remedio que agrietarse y formar oquedades. En unos casos la camisa crece al mismo ritmo que el cuerpo, adaptándose, moldeándose; en otros casos no se acomoda a esa velocidad, por lo que se rompe a jirones.

Al estar expuesta al sol, en ciertas situaciones la corteza puede realizar la fotosíntesis, tal y como lo hacen las hojas, de manera que esta permanece verde. Sucede, por ejemplo, en especies de climas áridos, que pierden sus hojas durante el periodo seco para evitar la pérdida de agua por transpiración, al igual que en las retamas, o en árboles muy conocidos y extendidos por el mundo, como algunas especies de eucaliptos o de parkinsonias, precisamente estas últimas conocidas con el explícito nombre de *palo verde*.

También se ha demostrado que el espesor de la corteza de los árboles en áreas donde los incendios son frecuentes y la lluvia solo cae estacionalmente, sin importar las especies, es más grueso que la de los árboles estrechamente relacionados en otras zonas geográficas de fuego escaso; es decir, el grosor de la corteza es, en parte, una adaptación evolutiva al fuego.[28]

Las secuoyas norteamericanas o la *Connarus suberosus* típica del cerrado brasileño —sabana tropical— son ejemplos de árboles con cortezas anormalmente gruesas. En el ámbito mediterráneo esta protección tiene su máximo exponente en el alcornoque. La corteza de este, el corcho, se compone de células muertas y huecas de sección hexagonal. Están huecas debido a que con la muerte pierden su contenido celular y

Corcho, la corteza del alcornoque (*Quercus suber*).

mantienen únicamente la pared externa o membrana celular. Con esta estructura hexagonal en las tres direcciones se forman, con poca materia seca, volúmenes relativamente grandes, resistentes y elásticos. Los huecos, de hecho, ocupan más del 90% del volumen total del corcho. Debido a esto el corcho tiene una serie de cualidades únicas, entre las que destacan su resistencia al fuego y al desgaste mecánico, alta impermeabilidad, baja densidad, elevado aislamiento térmico y acústico, etc. Por cierto, es interesante recordar que fue en el corcho donde se descubrió la existencia de las células. Corría el año 1665 cuando Robert Hooke, científico inglés, publicó los resultados de sus observaciones sobre tejidos vegetales. Con un microscopio primitivo, construido por él mismo, vio en una laminilla de corcho unas pequeñas cavidades poliédricas que se repetían a modo de celdas de un panal. Y las bautizó, a cada cavidad, con el nombre de célula, pues le recordaba a las celdillas que construyen las abejas (*cells* en inglés, *cellulam* en latín). Lo que él observó fue, realmente, células vegetales huecas, vacías, muertas, por lo que no pudo describir la composición de su interior. Con posterioridad concluyó que todos los seres vivos contenían células.[29]

Hay algunas cortezas muy características, casi inconfundibles, como la de los eucaliptos, que se desprende en tiras que permanecen colgadas en el árbol hasta que el paso del tiempo las suelta: la de los plátanos de paseo, que desprende la corteza en grandes placas lisas que conforman un mosaico que parece de camuflaje; la de los árboles de Júpiter, que da la sensación de carecer de corteza; la de los abedules con ese blanco impoluto, rayado horizontalmente de negro, que se desprende en laminillas casi traslúcidas...

La gran diversidad de árboles, de cortezas y de propiedades y componentes de estas ha provocado que el ser humano a lo largo del tiempo haya usado las mismas para innumerables usos y aprovechamientos: corcho, caucho (látex), resinas, curtientes (taninos), medicinas (quinina), especias (canela), revestimiento de construcciones, acolchado en jardinería, sustrato para producción de plantas de vivero, etc.

FORMAS, FORMAS Y MÁS FORMAS

Los árboles tienen, en general, dos tipos de crecimiento, lo que les proporciona dos formas o apariencias diferenciadas entre ellos. Los de crecimiento monopódico son aquellos que se componen de un eje o tronco principal, muy claro y definido, a cuyos lados crecen las ramas secundarias, siempre menores que el eje principal y subordinadas a él. Es la forma típica de las coníferas: pinos, abetos, cipreses, cedros, secuoyas, alerces, araucarias, píceas, chamaecíparis, libocedros... Esta forma se suele manifestar como cónica, piramidal o columnar. Esto obedece a la dominancia apical sobre las yemas laterales, cosa que sucede en el tronco principal con respecto con las ramas principales, en las ramas principales con respecto a las ramas secundarias y así sucesivamente.

El resto de los árboles, las angiospermas, suelen tener crecimiento simpódico, lo que significa que tienen un tronco principal que normalmente se va diluyendo y donde las ramas laterales se desarrollan más que el principal. El eje principal deja de crecer por la muerte o reposo de la yema apical y continúa el crecimiento en las ramas laterales, y se repite el proceso en las ramas sucesivas. Por ello las copas de estos árboles suelen ser más esféricas y globosas, como sucede en olmos, tilos, fresnos, hayas, encinas, arces, carpes, zelkovas, robles... Es lo que se conoce como reiteración: la estructura del árbol se repite en una rama, y a su vez en una ramilla...

Independientemente de estos tipos de crecimiento anterior, de estas formas generales, la naturaleza nos ofrece formas sorprendentes, muchas veces potenciadas o promovidas por el ser humano, y cada vez más comunes para nosotros, debido a su uso en jardinería.

Una de las formas más llamativas es el porte llorón, con ramas colgantes que dan la sensación de haber nacido cansadas, que en lugar de auparse hacia el cielo se esfuerzan en llegar a la Tierra. El árbol por antonomasia con estas características, el que se nos viene a todos a la cabeza, es el sauce llorón. Pero no faltan variedades de otras especies que se han seleccionado y difundido por su forma péndula, fáciles de encontrar en parques y jardines, como moreras, hayas, abedules, olmos, cedros, perales de hoja de sauce, falsos pimenteros, e incluso los mismísimos ginkgos, auténticos fósiles vivientes, por muy antinatural que nos pueda parecer. En el bosque, si somos observadores, podremos ver individuos que tienden a tener las ramillas terminales algo caídas, que aportan ese carácter llorón, sobre todo en algunas especies como los enebros de la miera o los abedules.

En otros casos sus ramas crecen retorcidas, dando vueltas alrededor de un eje imaginario, incapaces de que sus ramas crezcan rectas, como sucede con el sauce sacacorchos, el avellano tortuoso o la sófora péndula tortuosa (que tiene un aspecto general de paraguas, eso sí, con sus varillas reviradas). Esto último también sucede en ciertas hayas que de forma natural crecen en algunos lugares de Centroeuropa, que debido a esta característica son reproducidas de manera vegetativa para trasladar esa peculiaridad a ejemplares plantados en espacios verdes urbanos.

Otras veces las formas que nos llaman poderosamente la atención son las globosas, en muchos casos prácticamente esféricas, como sucede de manera natural con el pino piñonero, uno de los árboles emblemáticos del entorno y de la cultura mediterránea. También en paseos arbolados o en jardines encontramos variedades de falsas acacias, catalpas, olmos o aligustres con ese tipo de copa, ejemplares que se denominan de bola (olmo de bola, aligustre de bola, acacia de bola), con un aspecto general como si de un gran chupa chups se tratase.

Hay árboles con forma inequívoca, reconocidos prácticamente por toda la gente, por muy poca atención que hayan prestado al mundo vegetal. Nos referimos, por ejemplo, al ciprés —el ciprés de los cementerios—, otro de los grandes emblemas naturales y culturales del Mediterráneo. Aunque su distribución natural se ciñe al Mediterráneo oriental y Oriente Próximo, su presencia desde hace cientos de años es muy común en todos los países del ámbito mediterráneo. Pues bien, esta especie de manera natural presenta dos tipos diferentes de porte o forma de copa. La más popular y conocida es la columnar o piramidal, que tiene unas ramas abigarradas y paralelas a lo largo de todo el tronco, desde la misma base. La otra forma, la horizontal, con ramificación abierta, extendida y con porte globoso, es muy poco frecuente en cultivo, y sin embargo resulta que es la forma dominante y casi única en el medio natural, en sus bosques originarios.

En zonas muy ventosas, con los vientos azotando normalmente desde un punto cardinal, hecho que suele suceder en el litoral o en la parte alta de las montañas, muchos de los ejemplares que vegetan allí tienen forma de bandera. Unas veces el tronco crece más o menos recto, pero el conjunto de las ramas se alinea en un único lado de este. Otras veces el árbol entero crece tumbado, en muchos casos prácticamente paralelo a la superficie terrestre. Esto se debe a que las yemas de la parte de barlovento se dañan, se secan y mueren mucho más que las situadas a sotavento, que crecen escondidas del viento y de las partículas que este arrastra.

En la base de los troncos también podremos encontrar diferencias, según dónde veamos a los árboles. Las coníferas y los árboles de hoja ancha, cuando crecen en bosques densos, tienen troncos cilíndricos o casi cilíndricos, prácticamente con la misma anchura desde la misma base. Sin embargo, podremos apreciar con facilidad que, cuando un árbol planifolio crece aislado, soleado por todas las partes, la base del tronco tiende a ser mucho más ancha que el resto. En el caso de los cipreses de los pantanos y ahuehuetes, debido a su crecimiento en zonas encharcadas, la base se ensancha debido a sus pronunciados contrafuertes.

También tenemos a los troncos helicoidales. El crecimiento en espiral suele suceder raramente, pero cuando esto es así lo normal es que ocurra en algunas especies de frondosas: madroños, almendros, árboles del amor, cerezos... o en algunas de coníferas como el pino Bristlecone, natural de California. Los árboles jóvenes crecen derechos, con las fibras rectilíneas y verticales, pero algunos individuos viejos adoptan paulatinamente troncos espiralados, que, curiosamente, no tienen preferencia por ningún sentido de rota-

Madroños con tronco espiralados (*Arbutus unedo*). Obsérvese como cada uno de ellos gira en sentidos contrarios (Las Hurdes. Cáceres, España).

Efecto bandera en pinos carrascos (*Pinus halepensis*) (Parque Regional de Salinas y Arenales de San Pedro. Murcia, España).

ción. En ciertos casos, a la vejez llegan a retorcerse de manera que las vueltas de la espiral acaban estando prácticamente horizontales.

Otra forma que nos puede llamar la atención cuando salimos al campo es la de los trasmochos, esos troncos gruesos, bajos y cabezones sin apenas copa. Árboles cuyo follaje se ha utilizado tradicionalmente como forraje del ganado en momentos de carestía, especialmente robles, hayas o arces en zonas sin periodos demasiado acusados de sequía; y fresnos, olmos, sauces o chopos junto a los cursos fluviales o zonas de encharcamiento. Después del verano los pastos están totalmente agostados, por lo que hay poca materia que llevarse a la boca. Una práctica llevada a cabo durante siglos ha sido la corta y tirada al suelo de todas las ramas antes de la caída otoñal de las hojas, de manera que pudiesen ser aprovechas por la boca del ganado, compensando así la falta de pastos naturales. Todo ello por el ahorro económico que suponía para los ganaderos, pues de esta manera no había que suplementar con piensos al ganado durante el periodo de escasez temporal de recursos.

LA PODA NATURAL

Cuando paseamos bajo las copas de los árboles de cualquier bosque cerrado y denso, muchas veces nos topamos sobre nuestras cabezas con un techo de ramas secas y enmarañadas. A muchos paseantes les da la impresión de encontrarse en un bosque muerto, enfermo, decrépito, poco vistoso y agradable. Algo que, normalmente, no tiene que ver nada con la realidad. Son ramas que han muerto por falta de luz, pues la parte superior de las copas impide el paso de los rayos solares a las partes inferiores de estas o al suelo. Es lo que se denomina poda natural.

Un árbol para vivir tiene que ser eficiente, no solo como organismo, sino también todas sus partes de manera aislada. No se puede permitir el lujo de gastar más de lo que produce, que es lo que sucede en ramas poco soleadas. Al árbol

Fustes de pinos resineros limpios debido a la poda natural (*Pinus pinaster*)
(Parque Nacional de Cabañeros. Ciudad Real, España).

le cuesta mantener esas ramas interiores e inferiores, pues tienen muy poca capacidad fotosintética y, por lo tanto, producen muy pocos azúcares, o lo que es lo mismo, hay un balance negativo entre fotosíntesis y respiración: el consumo de hidratos de carbono por respiración es mayor a lo que produce por fotosíntesis. El árbol, ante esta tesitura, deja morir a esas ramas *parásitas*, que no son capaces de ganarse el sustento por sí mismas y que, por lo tanto, no colaboran en sus ciclos de crecimiento y desarrollo.

Las hojas van muriendo poco a poco, se interrumpe la circulación de la savia y la rama se va secando desde el ápice hasta la base. Normalmente sucede en bosques espesos o en plantaciones muy densas, pero esto mismo también puede ocurrir en árboles aislados, en los que será la sombra de la parte superior y externa de la copa la que produzca la muerte de las ramas inferiores. Es más normal, además, que suceda en árboles propios de luz, aquellos a los que les gusta vivir con una alta intensidad de insolación, como suele suceder con los pinos.

Tras la muerte, las ramas se desprenden del tronco por su propio peso, por la nieve, por el viento, por el ataque de insectos y hongos..., aunque en ciertas especies las ramas tardan años y años en desengancharse del fuste, como si una vez muertas no quisiesen dar su último adiós, el definitivo. Se resisten a entrar a formar parte de la biomasa acumulada en el suelo del bosque, a su descomposición, a ser de nuevo parte del ciclo interminable de nutrientes, de volver a ser suelo para, más adelante, volver a ser árbol. Normalmente, la base de estas ramas que permanecen durante años unidas al tronco del que dependían son las que forman nudos muertos, tejidos muertos incrustados en la madera que sigue creciendo, aquellos de color oscuro que apreciamos en los muebles y que muchas veces se desprenden muy fácilmente del resto de la madera.

En otras circunstancias esta poda natural es asimétrica, afecta a una mitad del árbol en vertical y a la otra no. Desde la base hasta el ápice de la copa, en un lado del tronco desaparece el ramaje y en el otro se desarrolla con aparente normalidad. En verdad esta situación puede originarse por dos

Grieta longitudinal producida por el recorrido de un rayo en un pino silvestre
(*Pinus sylvestris*) (Las Majadas. Cuenca, España).

motivos, aunque generados por la misma situación. Cuando dos o más árboles crecen a la par y muy próximos, la sombra de uno o varios de ellos puede provocar consecuencias en los que crecen en zonas inmediatas. Por un lado, es posible que acaben matando a las ramas que sucesivamente crecen en altura, por la falta de luz y la consiguiente ineficiencia fotosintética que acabamos de ver; por otro lado, la falta de condiciones lumínicas provoca que el árbol aborte todas las yemas y brotes del lateral umbrío.

RAYOS Y CENTELLAS

Los rayos suelen tener preferencia por los árboles, ya que estos suelen ser los elementos más altos del terreno y los rayos buscan un atajo para llegar al suelo. No es que tengan una especial fijación por estos, por el hecho de ser árboles, sino que los rayos se sienten atraídos por cualquier objeto puntiagudo y elevado que destaque en el paisaje. Por este motivo se suelen instalar pararrayos en los edificios más altos, para controlar la descarga de los rayos y evitar que el azar los lleve a lugares inesperados e indeseados.

La madera, por cierto, es muy mala conductora de la electricidad, pero el agua es muy buen conductor. Cuando un rayo impacta en un árbol, normalmente en el ápice o en el extremo de la rama más alta, desciende a través de él hasta llegar al suelo. Esa descarga de electricidad baja meteóricamente bien por la superficie del tronco o bien por el interior, cuando no por los dos caminos al mismo tiempo.

La sobredosis eléctrica se mete en los vasos por donde circula la savia, ya que es la parte más húmeda y jugosa del tronco, de manera que desciende a través de ellos. Tras el impacto la savia líquida hierve y se transforma instantáneamente en vapor, estallando los conductos y haciendo esas grietas tan características tras sufrir el golpe de miles de grados centígrados a su través.

En troncos con cortezas rugosas —pinos, robles— no es difícil ver una grieta longitudinal provocada por el impacto

Tronco de pino ardiendo en medio de un rebollar tras la caída de un rayo sobre él (Canicosa de la Sierra. Burgos, España) (Felipe Alonso Pascual).

de un rayo, hendidura que en algunos casos va girando su trayectoria alrededor del tronco. En cambio, en árboles con corteza lisa —hayas, chopos— es mucho más difícil encontrar estos indicios, aun cuando los ejemplares sean más altos. En la corteza lisa el agua de la tormenta escurre como una película homogénea, sin interferencias ni obstáculos, de manera que cuando el rayo impacta en la copa del árbol descarga superficialmente a través del agua hasta el suelo. Sin embargo, cuando la corteza está arrugada el agua se distribuye por numerosas acanaladuras, con continuos impedimentos, creando innumerables pequeñas cascadas y goteos, que hacen que la corriente eléctrica sea interrumpida constantemente.[5]

Unas veces la descarga eléctrica discurre a través del tronco y, aunque dañado, el árbol puede seguir viviendo. Otras veces este chispazo puede hacer que el árbol arda y convertirlo así en una inmensa antorcha que acaba en cenizas. En otras ocasiones, el impacto es tan brutal que lo rompe en pedazos, quedando solo un pseudotocón maltrecho y un campo de astillas disperso a su alrededor. Cuando el árbol afectado se encuentra en el interior de una masa boscosa también se ha comprobado que a veces no solo muere el ejemplar que recibe el impacto directo del rayo, sino que a través de las raíces se electrocutan algunos próximos que estaban interconectados entre sí.

También existen situaciones en las que no se manifiestan las consecuencias del impacto del rayo hasta pasadas unas horas. En ciertas circunstancias, especialmente cuando hay mucha humedad en el ambiente, el rayo llega a la base del tronco, la cepa y las raíces gruesas del árbol. Ante la falta de oxígeno la madera no prende inmediatamente, sino que se genera una combustión interna muy lenta, se va requemando por dentro. Puede estar así durante uno o dos días y, normalmente ligado al descenso de la humedad ambiental externa, en un momento determinado el fuego sale al exterior, lo que produce un rápido incendio del ejemplar que se había visto afectado por la tormenta de la que ya nos habíamos olvidado.

Ante esa atracción de los árboles por parte de los rayos, en ciertas localidades se han tomado medidas para proteger algunos de sus ejemplares singulares, especialmente los que destacan por su altura. No nos podemos permitir el lujo de perder gigantes vegetales que llevan decenas de años en nuestros parques, jardines o espacios forestales, y que en muchos casos se han convertido en emblemas de las poblaciones que los poseen. Por ello en muchas urbes del mundo (en España destacan Pamplona, La Granja de San Ildefonso, Madrid, Granada o Segovia) se han instalado pararrayos en lo alto de los árboles más significativos y con mayor riesgo de ser afectados. Así, tras recibir la descarga, la instalación hará descender la electricidad hasta la toma de tierra fijada en el suelo, evitando que discurra a través del árbol o que se disperse a través de sus raíces.

Una vez que conocemos esto anterior, deberemos recordar siempre que, si no queremos salir chamuscados, nunca deberemos cobijarnos de una tormenta bajo la traicionera protección de un árbol.

Esto anterior estuvo a punto de suceder con Lisa, la hija mediana de Homer y Marge Simpson. En el capítulo *Lisa the Tree Hugger* (traducido como Lisa la ecologista o Lisa y su amor por los árboles, en España y el resto de Hispanoamérica respectivamente) un rayo destruyó una secuoya, el árbol más antiguo de Springfield. Lisa, enamorada de un joven ecologista, se ofreció como voluntaria para acampar en el propio árbol, para evitar que lo talasen, con la fortuna de que el rayo cayó justo una noche que lo abandona para ver a su familia.

Hojeando y ojeando

«Las hojas de las plantas han evolucionado durante millones de años para capturar la energía solar de una forma altamente eficiente. Las hojas son unas de las adaptaciones evolutivas más sobresalientes y dominan la superficie del planeta como muy pocas otras estructuras biológicas. A través de ellas, el oxígeno liberado a la atmósfera ha cambiado la composición química de la superficie terrestre, y los azúcares producidos a partir de la energía solar y el dióxido de carbono son el sustrato de casi toda la vida en este planeta, incluida, por supuesto, la nuestra». JOSÉ RAMÓN ALONSO

ESTOMAS, CONDUCTOS DE VIDA

Los estomas son poros microscópicos en la superficie de las hojas que comunican el exterior y el interior de las mismas. Están formados por dos células oclusivas, células arriñonadas que dejan entre sí una abertura llamada ostiolo, que pueden provocar su apertura o cierre. A través de ellos se produce el intercambio de oxígeno y de dióxido de carbono, de manera que la planta puede liberar oxígeno, fijar CO_2 y sintetizar azúcares. También son los encargados de realizar la transpiración, mecanismo fundamental para controlar la temperatura de la planta y la pérdida de agua de esta. Suelen ser muy abundantes, contándose por miles o cientos de miles en determinadas hojas, como por ejemplo en las de tabaco, en las que se estima que contienen unos 12.000 estomas por centímetro cuadrado[30].

La transpiración, es decir, la pérdida de agua en forma de vapor de agua de las plantas, se lleva a cabo principalmente

Hojas de álamo temblón, con estomas en ambas caras (*Populus tremula*)
(Santa Coloma de Albendiego. Guadalajara, España).

a través de los estomas. La evolución ha generado que la ubicación de los estomas esté, normalmente, en el envés de las hojas, en la parte inferior, al abrigo del sol directo y protegidos de deposiciones de polvo y otro material en suspensión que pueda dificultar su trabajo. Sin embargo, en algunas especies la capa de estomas se sitúa en ambas caras de las hojas, en haz y envés. Esto último suele suceder en especies con las hojas colgantes. En el álamo temblón, el álamo más extendido del mundo, llamado así por el movimiento permanente de sus hojas al más mínimo movimiento del aire —debido a su peciolo alargado, delgado, flexible y aplanado en sentido perpendicular al limbo—, las dos partes de la hoja realizan la fotosíntesis, ya que, indistintamente, quedan expuestas al sol de manera alternativa. Semejante comportamiento tienen los eucaliptos. Y, a veces, también aparecen los estomas en los tallos herbáceos de algunas plantas.

Un aumento de la temperatura del aire y de las hojas aumenta la transpiración al aumentar el gradiente de concentración de vapor de agua de la hoja al aire, por lo que el suministro de agua a través de las raíces es necesario y vital. La falta de agua o un nivel alto de radiación solar con incremento de temperatura propicia el cierre de los estomas. El cierre de estos —incremento de la resistencia estomática— aumenta la resistencia a la difusión del vapor de agua fuera de las hojas.

En la mayoría de las plantas permanecen abiertos durante el día y cerrados durante la noche. Su actividad, fundamentalmente en ambientes mediterráneos, decrece desde el comienzo del día —cuando es máxima la transpiración— hasta el anochecer, debido, sobre todo, al déficit de agua en los tejidos.

UNA AUTÉNTICA CONFITERÍA

Las hojas son fábricas de azúcares. Mediante la fotosíntesis capturan energía de la luz, que se emplea para sintetizar azúcares a partir del CO_2 y el agua. La tasa de fijación neta de

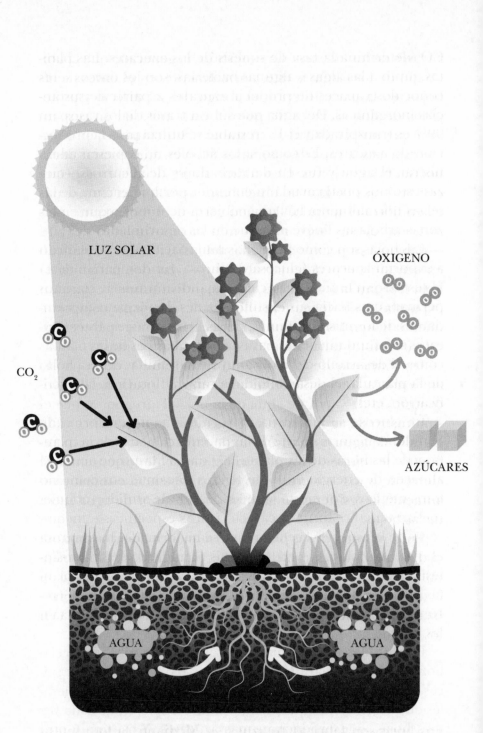

LUZ SOLAR

ÓXIGENO

CO_2

AZÚCARES

AGUA

AGUA

Esquema de la fotosíntesis [Vector Mine].

CO_2 determina la tasa de síntesis de los azúcares. Las plantas, junto a las algas y algunas bacterias, son los únicos seres conocidos capaces de producir azúcares a partir de sustancias inorgánicas. Del agua que sube a través de los vasos, un 99% es transpirada y el 1% restante se utiliza para la producción de azúcares. Es como si los árboles no supiesen administrar el agua y fuesen derrochadores de recursos —quizás esto nos pueda ayudar a entender por qué encima de las selvas normalmente hay una cubierta de nubes o que en las zonas arboladas llueve más que en las desarboladas—.

Las hojas son como pequeñas multinacionales, se dedican a exportar azúcares (glucosa y sacarosa, fundamentalmente) al resto de su mundo conocido, viajando a través de circuitos permanentes hacia sus destinos finales, los órganos demandantes de los mismos: ramas, flores, frutos, raíces. Estos azúcares son fundamentales para procesos básicos de las plantas como el desarrollo del embrión y de la semilla, el desarrollo de la plántula, el desarrollo de la raíz, la floración, la fructificación, etc.

La glucosa se almacena mayoritariamente en forma de almidón, que forma parte de las paredes celulares de las plantas y de las fibras de las plantas rígidas, a la vez que actúa de almacén de energía tanto en tejidos fotosintéticos como no fotosintéticos. Por cierto, que los granos de almidón adquieren un tamaño, forma y características específicas e inequívocas de la especie vegetal en que se ha formado. La sacarosa es, por otro lado, el producto más abundante de la fotosíntesis y la forma dominante de transporte de azúcar en plantas, además de jugar un papel trascendental durante el crecimiento y la aclimatación al estrés ambiental que afecta a las mismas.[31]

Esos azúcares conforman una savia azucarada —savia elaborada— que viajará hacia las raíces para generar más raíces. Con más raíces, se absorberá más agua y sales minerales que ascenderán, que facilitarán la formación de cada vez más hojas, que producirán más azúcares. Y así una y otra vez, sin descanso alguno, sin parar, construyendo, creando vida propia y vida ajena. Por eso las plantas son seres autótro-

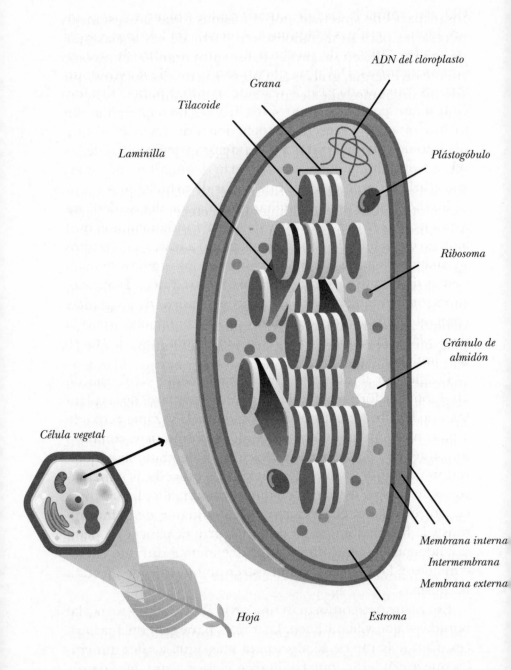

ADN del cloroplasto

Grana

Tilacoide

Plástogóbulo

Laminilla

Ribosoma

Gránulo de almidón

Célula vegetal

Membrana interna

Intermembrana

Membrana externa

Hoja

Estroma

Esquema de un cloroplasto, contenedor de la clorofila [Vector Mine].

fos, capaces de sintetizar por sí mismas todas las sustancias necesarias para su metabolismo a partir de sustancias inorgánicas. Producen sus propios alimentos usando la luz como fuente de energía, gracias a la presencia de cloroplastos, que son los orgánulos que llevan a cabo la fotosíntesis.

VERDE QUE TE QUIERO VERDE

Los árboles, al igual que el resto de las plantas, por medio de la fotosíntesis pueden alimentarse, crecer y desarrollarse. Y ese proceso natural es para nosotros un elemento vital, ya que sin él no podríamos respirar. Es necesario para las plantas y para la vida en el planeta.

Solo un pequeño porcentaje de la energía solar disponible es absorbida en la fotosíntesis. Las hojas en la sombra, debido a que disponen de un suministro limitado de energía, son más eficientes a bajas intensidades lumínicas que las situadas a plena luz, por lo que poseen gran capacidad para incrementar su contenido de clorofila a muy bajas intensidades luminosas. Sin embargo, las especies propias de sol, las heliófilas, pueden llevar a cabo la fotosíntesis con mayor rapidez bajo la insolación total que las especies de sombra. Cuando una especie de sombra —umbrófila o esciófila— crece bajo la luz total suele estar en desventaja, pues no puede producir clorofila a una tasa rápida y la luz descompone continuamente la clorofila, por lo que es posible que su color no sea el verde vivo que le correspondería si estuviese en condiciones óptimas.[32]

Las plantas, gracias a la clorofila —sustancia de color verde presente en las hojas—, absorben la luz solar y, a partir de dióxido de carbono y agua, generan sustancias orgánicas. Todo ello se produce en los cloroplastos, orgánulos exclusivos de las células de plantas y algas verdes. Es entonces cuando se descompone el CO_2 en moléculas de carbono y de oxígeno. El oxígeno se libera al aire y es el que permite la vida en la Tierra. Parte del carbono se acumula en los

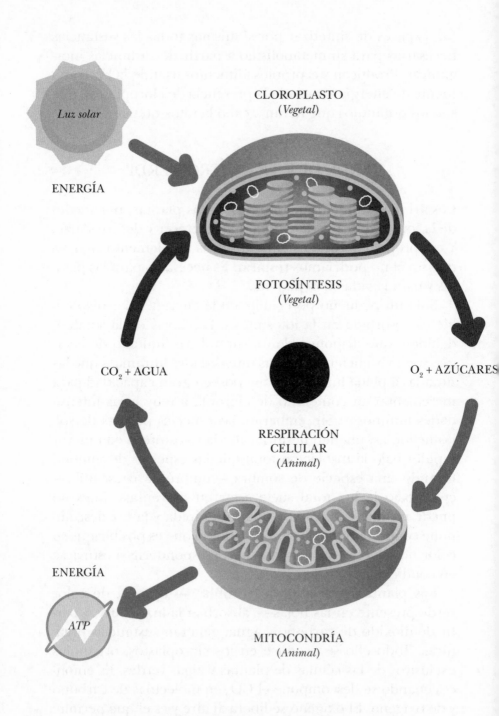

Luz solar

ENERGÍA

CLOROPLASTO
(*Vegetal*)

FOTOSÍNTESIS
(*Vegetal*)

CO_2 + AGUA

O_2 + AZÚCARES

RESPIRACIÓN
CELULAR
(*Animal*)

ENERGÍA

ATP

MITOCONDRÍA
(*Animal*)

Esquema de las diferencias de aprovechamiento energético
de las células animales (a través de las mitocondrias) y las
vegetales (con los cloroplastos) [Vector Mine].

árboles convertido en biomasa, de manera que estos actúan de sumideros, por lo que se evita que llegue a la atmósfera.

Las moléculas de clorofila lo que realmente hacen es absorber la energía lumínica, las longitudes de onda, de los espectros violeta, rojo y azul de la luz; es decir, absorben todos los colores excepto el verde, que, al ser reflejado, es el que hace que ese sea el color visible a nuestros ojos. Esta abundancia del verde sobre la superficie terrestre obedece a un proceso evolutivo en el que las plantas fueron adaptándose al espectro lumínico más abundante en nuestro planeta.

PALETA DE COLORES

Como acabamos de ver, el verde es el color por antonomasia de las plantas, color proporcionado por la clorofila. Sin embargo, hay especies, ejemplares concretos o momentos del año en los que podemos apreciar otros colores que nos distraen del monótono verde. Como sabemos, la luz reflejada —las longitudes de onda— es la que proporciona el pigmento, el color que podemos apreciar.

Las hojas, además de la clorofila, poseen otros pigmentos, moléculas complejas que absorben y reflejan diferentes colores de la luz, aunque casi todos quedan ocultos por la masiva y dominante clorofila. Con luz del sol y temperaturas cálidas se produce la clorofila, pero con la llegada del otoño inicia su declive hasta desaparecer por completo, y con su degradación surgen algunos de los colores que estaban tapados por esta. Los carotenoides dotan de los colores amarillos y naranjas, y las antocianinas se reflejan en rojos, morados y púrpuras. El marrón, debido a los taninos, es indicativo de que la hoja ya ha perdido todos sus nutrientes y está totalmente muerta. Los amarillos y marrones siempre aparecen, año tras año, pero los rojos y los naranjas fluctúan en función de las condiciones climáticas de cada año. Por eso se producen variaciones interanuales en un mismo bosque y entre zonas con especies iguales. Días soleados y calurosos con noches frías sin heladas, previos a la llegada del invierno, son determinantes para facilitarnos una buena coloración otoñal.[33]

Lo curioso de las antocianinas que dotan al arbolado del rojizo otoñal es que en su mayor parte no estaban enmascaradas por la clorofila de las hojas, sino que las fabrica el árbol días antes de desprenderse de estas. Cosa rara esta si tenemos en cuenta que justo en ese momento el árbol debería estar más preocupado por retraerse y prepararse contra los fríos venideros que en mostrar lozanía y vitalidad. El rojo otoñal parece que desde el punto de vista evolutivo es algo que sirve para llamar la atención, pero no a nosotros, que disfrutamos de la estética de un bosque otoñal con policromía inigualable, sino para llamar la atención de ciertos insectos fitófagos, los comedores de hojas. Si en las sociedades humanas el rojo es un color que se utiliza para alertar o avisar de ciertos peligros o prohibiciones, en este caso actúa de manera semejante con estos pequeños animales. Una buena parte de esas hojas rojas poseen compuestos fenólicos que las convierten en indigeribles e, incluso, con capacidad insecticida,[34] por lo que los insectos, que han coevolucionado con sus plantas nutricias, ya lo saben y procuran mantenerse alejados de estos ejemplares. Se ha demostrado, corroborando lo anterior, que dentro de una misma especie y en la misma zona los árboles con colores más amarillos han sufrido más daños debidos a insectos herbívoros que otros con tonalidades más rojizas.[35] Al mismo tiempo, parece que estas mismas antocianinas actúan a modo de crema solar, protegiendo a las hojas del exceso de luz ultravioleta que las pudiese *quemar,* ya que su otra protección natural ya se ha inutilizado con la bajada de las temperaturas.

No solo en otoño podemos encontrar los morados en los árboles. Se ha observado en muchas plantas que la intensidad luminosa está directamente relacionada con la formación de antocianinas, pigmentos rojizos, púrpuras, violáceos o azulados que se encuentran en las capas superficiales de las células vegetales. A mayor exposición solar mayor presencia de estos pigmentos. Esto se debe a que estas moléculas actúan como pantallas reflectoras, retardando la penetración de la luz en los tejidos y disminuyendo el peligro de sobrecalentamiento. Se puede observar en especies como el ciruelo rojo (*Prunus cerasifera* variedad pissardii) o el arce palmeado de follaje rojo (*Acer palmatum*), algunos de los árboles más extendidos por las zonas verdes urbanas debido al color púrpura de sus hojas: cuanto más al sol están más rojizo es el follaje; sin embargo, cuando se sitúan a la sombra o dentro de un ejemplar, en las ramas más sombreadas las hojas adquieren coloración verdosa.

En el momento de la brotación muchas especies emiten las nuevas hojas con un tono rojizo (cerezos, fotinias...). Este fenómeno se debe a las antocianinas que bloquean los rayos ultravioletas y protegen a las jóvenes hojas en un momento en el que estas son tan frágiles. Según van madurando las hojas, proceso de unos cuantos días, va degradando la sustancia y perdiendo la protección y, por lo tanto, se pasa de un tono rosado/rojizo general a un verde total. Vemos, por tanto, que estas sustancias no solo aparecen y son importantes en el momento de la caída de las hojas, sino que pueden estar visibles a lo largo de toda la vida foliar.

Ese color rojizo también domina en algunos ejemplares de ciertas especies que se plantan en las zonas verdes de las ciudades: hayas, arces, agracejos, avellanos... Son variedades o cultivares, denominados como atropurpúreas, que se reproducen vegetativamente (clones) a partir de ejemplares que, tras acusar una alteración en el metabolismo, han generado este follaje sanguíneo. Esta variación genética ha impedido que las antocianinas se degraden, por lo que el color rojizo es permanente en sus hojas. Cuando alguno de estos ejemplares surge de manera natural y espontánea en el bosque, acaba sucumbiendo ante sus congéneres verdes, pues la fotosíntesis en este caso es menos eficiente y no pueden competir con ellos. Sin embargo, en los jardines los plantamos para aprovecharnos de su color diferencial, y siempre a pleno sol, para que mantengan su propiedad colorimétrica en plenitud.

Hay otros juegos cromáticos de hojas que son más o menos comunes de observar en zonas verdes urbanas, pero que, por el contrario, en el medio natural no es nada habitual de ver. Nos referimos a las hojas variegadas, aquellas en las que con-

Hojas rojas de un haya atropurpurea (*Fagus sylvatica* «Atropurpurea») (Canterbury. Inglaterra).

viven tejidos verdes —es decir, su coloración normal— con tejidos blancos o amarillentos —sin cloroplastos—. Estos ejemplares (variegatas o variegatum se les llama en jardinería) tienen esas peculiaridades foliares debido a una mutación que impide la síntesis de la clorofila en todo el limbo de la hoja.[36] Lo podemos ver en muchas especies: aligustres, acebos, hiedras, saúcos, ficus, evónimos, algunos arces... En la naturaleza los ejemplares con estas mutaciones son débiles, difíciles de prosperar entre sus congéneres, por lo que no tardan mucho en desaparecer; no hay que olvidar que parte del follaje es incapaz de realizar la fotosíntesis. Esta mutación que surge espontáneamente es aprovechada por las personas para reproducir esas ramas de manera vegetativa y generar ejemplares enteros con esas peculiaridades. Eso sí, si somos observadores también podremos ver cómo hay ejemplares variegados en los que aparecen ramas verdes entre medias: igual que mutan en un sentido tienden a mutar en el contrario, para volver de nuevo al color del que no deberían haber salido; es decir, la variegación no es indefinida en el tiempo. Además, como podremos suponer, ya que las plantas variegadas tienen, proporcionalmente, menos superficie fotosintética, necesitan encontrarse en lugares muy luminosos para poder prosperar con cierta comodidad; si reciben menos luz de la que necesitan es posible que el verde total se apodere de la planta.

Otros cambios de colores en plantas de hoja perenne lo podemos apreciar con la llegada de los fríos. Especies como el boj o la tuya, en pleno invierno, adoptan unas coloraciones foliares ferruginosas, que poco a poco van degradando hasta el verde cuando las temperaturas medias van subiendo de cara a la primavera.

Además de lo anterior, existen muchas anomalías en un árbol que puede dotarlo de colores que no son los suyos habituales. La pigmentación de las hojas, o mejor dicho las irregularidades de esta, se utiliza, de hecho, para detectar de forma visual posibles deficiencias, carencias, anomalías o enfermedades que nos puede ofrecer un diagnóstico de la vitalidad del árbol o que nos enseñan las debilidades por las que están pasando. Si somos capaces de interpretarlo, claro.

Un abeto en un paisaje nevado [Smit].

LAS QUE NUNCA CAEN

A los árboles de hoja perenne también es común denominarlos como perennifolios o referirse a ellos con el término de siempreverdes. Durante todo el año están cubiertos de su follaje, independientemente de la estación en la que se encuentren. Estas especies se pueden encontrar en climas tropicales —con calor y humedad permanente—, en la taiga —norte de Europa, Norteamérica y Asia, donde domine un frío extremo—, y en áreas dominadas por clima mediterráneo —bosques esclerófilos de zonas templadas—. En los trópicos siempre están verdes porque no existen épocas desfavorables a lo largo del año, ya que la temperatura y la humedad son favorables permanentemente para que las plantas vivan y realicen la función clorofílica. En los climas con periodos fríos y heladas intensas las hojas deben adoptar una serie de estrategias para que el árbol pueda pasar los gélidos inviernos; además, el periodo vegetativo es tan corto, debido a los pocos meses con temperaturas favorables, que no es rentable la creación de hojas totalmente nuevas para ese periodo temporal tan reducido.

Las coníferas, en general, resisten muy bien en climas fríos. Eso se debe a que poseen hojas muy reducidas, muy finas, en muchos casos prácticamente agujas, cubiertas de una capa espesa —la cutícula— que hace una misión protectora, en las que la circulación del agua es casi cien veces menor que en los árboles planifolios, los de hojas grandes y planas. En latitudes altas, cuando el suelo está helado, son capaces de estancarse y permanecer en profunda hibernación y aislarse del suelo de manera que deja de tener ningún tipo de intercambio con este. Como de costumbre siempre hay excepciones, pues cipreses de los pantanos o alerces son coníferas muy conocidas y extendidas en el hemisferio norte —unos por su uso ornamental y otros por las plantaciones realizadas para producción maderera— que se desprenden de las hojas para pasar el invierno.

Las coníferas, en su mayor parte, viven casi exclusivamente en las regiones templadas y frías del planeta, donde la

Cedro en las tierras altas del oeste de Sayan, Siberia [Al Geba].

competencia de las plantas con flores es algo menor que en zonas ecuatoriales y tropicales.

En el ámbito mediterráneo también abundan las especies leñosas perennifolias. Son especies arbóreas y arbustivas que poseen hojas duras y entrenudos cortos, con crecimiento lento. Les sirven para protegerse del calor en verano y del frío en invierno, y al mismo tiempo estar disponibles para aprovechar los buenos momentos del año para crecer: la primavera y el otoño.

Los árboles de hoja perenne no son como los de tela o plástico, que cada vez más adornan los portales de vecinos o las oficinas, que conservan sus hojas hasta que la planta acaba en el contenedor. Los perennifolios de verdad siempre están cubiertos de follaje, aparentemente inalterable con el paso del tiempo, pero que realmente se renueva permanentemente. El follaje existe, pero sus hojas mueren y nacen sin cesar, lo que da paso unas a otras, las viejas a las más jóvenes; de manera que, si observamos la copa de un árbol siempreverde y lo volvemos a mirar cinco años después, casi todas las hojas serán distintas, aunque el aspecto de la copa sea prácticamente el mismo. En parques, jardines o nuestra propia parcela lo podremos comprobar: siempre hay hojas caídas bajo su copa.

Las hojas de las perennifolias, en comparación con la longevidad del árbol que las sustenta, tienen una vida muy corta, pues lo normal es que duren de dos a cuatro años, en una secuencia permanente de renovación. En los cedros la vida media de las acículas es de tres años, en las secuoyas de cuatro y en los abetos comunes de siete a diez años. En los árboles que crecen en el ámbito mediterráneo existe mucha disparidad, ya que en los alcornoques viven entre uno y dos años; en pinos carrascos duran unos dos años; en encinas, pinos piñoneros y pinos resineros, entre dos y tres años; en tejos unos cinco años. Uno de los árboles que más tiempo aprisionan a sus hojas es el pinsapo, ese raro abeto que se distribuye entre la serranía de Ronda en el sur de España y en la cadena montañosa de Yebala en el norte de Marruecos, ya que pueden permanecer en la rama hasta 15 años, aunque lo habitual que estén de 11 a 13.[37]

Roble «desnudo» (*Quercus robur*) (Canterbury. Inglaterra).

Las especies con hojas de vida más larga invierten, en general, mayor cantidad de recursos en la protección de estas. En parte debido a ello, suelen crecer más lentamente que las especies con hojas de vida más corta. También sucede que las hojas más longevas conservan los nutrientes por más tiempo.[38]

En climas con inviernos fríos, los árboles de hojas caducas desprenden las mismas antes del invierno, la estación más desfavorable. Sin embargo, en áreas mediterráneas los árboles de hojas perennes, aunque las renuevan a lo largo del año, tiran la mayor parte de las hojas que cambian sobre todo en verano, que es el periodo más difícil al que sobrevivir, de manera que disminuyen su superficie de transpiración como medida de aguantar la dura sequía estival. Esto me trae el recuerdo de un conocido al que no le gustaban las plantas, y menos el barrer las hojas y otras *suciedades* que generan. Para evitar estas *incomodidades* hormigonó toda la superficie del patio de su vivienda unifamiliar —excepto la piscina— y únicamente dejó dos alcorques, en los que plantó sendos pinos. En pocos años los árboles se habían hecho grandes y el enfado de mi amigo era mayúsculo. Durante el verano, única época en la que disfrutaba de la parcela gracias a la piscina, los pinos tiraban diariamente miles de acículas que ensuciaban el agua y que impedían que pudieses andar descalzo o tumbarte a tomar el sol, pues las acículas una vez secas actúan como pequeñas agujas hirientes. ¡Le salió el tiro por la culata!

LAS RENOVABLES

Para la mayor parte de los seres vivos, el frío extremo es muy difícil de soportar, y más, como en el caso de las plantas, cuando no tienen la capacidad de desplazarse, de huir, de esconderse. Los árboles, a lo largo de la evolución, han ido desarrollando tácticas para poder sobrevivir a los gélidos inviernos. Una estrategia muy exitosa, en el caso de los caducifolios —árboles de hoja caduca—, ha sido la de desprenderse de las hojas durante los periodos más fríos del año.

Meses de trabajo construyendo, creando hojas, se vienen abajo en pocos días, los previos a los fríos intensos. El árbol se desnuda, se desengancha de su follaje, como si de un harapo inservible se tratase.

En las zonas templadas y frías de la Tierra hay dos factores que, en el caso de los árboles de hojas caducas, van marcando tanto el ritmo de la caída de las hojas en otoño como el de la brotación en primavera: la luminosidad (fotoperiodo) y las temperaturas. Que tanto las horas de luz diarias como las temperaturas medias vayan disminuyendo permanente y paulatinamente es síntoma inequívoco de que nos encaminamos inexorablemente hacia el invierno. Y, en primavera, lo contrario.

El fotoperiodo es básico porque ayuda a las plantas a situarse en el contexto. Si a finales de invierno —en febrero, por ejemplo— hubiese unos días con buen tiempo, una primavera adelantada, los árboles podrían empezar a brotar con rapidez, pues podría ser síntoma de la llegada del buen tiempo. Si esto sucediese lo más normal es que toda la brotación se helase días después, ya que el periodo de heladas aún no habría acabado, con todo lo que supondría para la planta: gasto de recursos, debilitamiento, peligro de marchitez o muerte… Sin embargo, el árbol *se controla*. Aunque la temperatura pueda ser engañosa el número de horas de luz/oscuridad permanece constante en un lugar en los mismos momentos de cada una de las épocas del año, por lo que las plantas se retraen de brotar a sabiendas de que todavía es pronto para ese menester.

Y entonces, ¿cuándo sacan las hojas los árboles? Como los árboles están adaptados a su clima local, donde viven y han vivido sus progenitores, los ejemplares de una misma especie brotan en momentos diferentes en diferentes partes de un continente, dependiendo del clima reinante en su zona. Tienen en cuenta el fotoperiodo y la acumulación de unas determinadas horas de calor para empezar a sacar las hojas, cosa que varían según la latitud y la altitud. Por ejemplo, un abedul en Escandinavia saca las hojas en cuanto llega el buen tiempo, porque sabe que el periodo vegetativo es muy corto y tiene que aprovechar al máximo; sin embargo, un abedul mediterráneo, aunque se inicie la primavera y el tiempo sea adecuado, emite las hojas más tarde, esperando así que los brotes tiernos no coincidan con las heladas tardías del inicio de la primavera, que podrían afectar negativamente al crecimiento de las hojas.[39] Los rebollos en España, cuando vegetan en el fondo de los valles, pueden brotar en abril, pero cuando ocupan altitudes a partir de mil metros es posible que no empiecen la foliación hasta bien entrado el mes de mayo.

En otoño, la reducción de las horas de luz, acompañada de la progresiva disminución de las temperaturas, va poniendo sobre aviso al árbol de que está llegando el momento de la invernada, del reposo. Con menos horas de insolación, disminuye la productividad de las hojas, se detiene la producción de clorofila y el verde desaparece de las hojas caducas. Las hojas dejan ser útiles, no producen azúcares y no ayudan al árbol a su crecimiento. Todo ello hace que se paralice el suministro de savia a las hojas. Es el momento de la retirada, de dar paso a la desnudez de las ramas.

Antes de la abscisión, momento de la caída de las hojas, los compuestos útiles se repliegan desde las hojas hacia las ramas, troncos y raíces, donde permanecerán para echar mano de ellos la próxima primavera. Con la llegada del buen tiempo, el árbol antes de brotar no tiene hojas y por lo tanto no puede realizar la función clorofílica, de manera que aprovecha esa despensa de nutrientes que había guardado en sus tejidos meses antes para suministrar la energía necesaria para la brotación y el desarrollo completo de las hojas, y para que el árbol se vista de nuevo. Una vez vestido, con luz y agua, se convierte en autosuficiente.

Esa reabsorción de nutrientes se puede comprobar fácilmente sin grandes medios técnicos y analíticos que lo determinen. En las zonas en las que abunda el paloduz —palodulce, regaliz— conocen el ciclo a la perfección. La planta, que se desprende de toda su parte aérea durante el invierno, man-

Hojas secas de rebollo todavía en el árbol un 9 de mayo, días previos a la brotación (*Quercus pyrenaica*) (Hontanar. Toledo, España).

tiene vivo y en reposo únicamente su sistema radical, que se ha aprovechado tradicionalmente como golosina, amén de para otras finalidades medicinales. La raíz, que es la parte que se utiliza, se recolecta durante el invierno, ya que su sabor, debido a la acumulación de reservas, es máximo. Si chupásemos una raíz extraída a lo largo del verano sería como si chupásemos... un palo de fregona, prácticamente sin sabor alguno.

Aunque en las zonas templadas del planeta la caída anual de las hojas es una protección contra el frío, en las zonas semiáridas de clima mediterráneo este proceso se produce por otro factor limitante. Durante el invierno las condiciones climáticas son menos rigurosas y más apropiadas para el desarrollo vegetal que en verano, por lo que en estas áreas las plantas se desprenden de sus hojas a lo largo del verano, que es la estación más desfavorable, debido a las altas temperaturas, sumadas a la falta total de disponibilidad de agua en el suelo.

NI ME VOY NI ME QUEDO

Hemos visto que hay árboles caducifolios y perennifolios, pero en la naturaleza siempre ocurre lo mismo, hay situaciones intermedias: ni blanco ni negro, sino gris. En este caso también. Dentro de la flora existen especies marcescentes, que son aquellas con unas hojas caducas que poseen unas características especiales: en otoño pierden su capacidad fotosintética, reabsorben los nutrientes para guardarlos en los órganos de reserva del árbol, amarillean... pero no caen en ese momento. Permanecen secas adheridas a las ramas durante buena parte del otoño y del invierno, e incluso a principios de primavera.

Entre los árboles más característicos por este fenómeno están los robles palustres americanos o algunos robles mediterráneos, como rebollos y quejigos, aunque también ciertos ejemplares de hayas o carpes permanecen semivestidos durante el periodo invernal, hasta que el viento, la lluvia o la nieve desprenden a sus agarradizas hojas. En árboles grandes y aislados, la desnudez sucede relativamente pronto, pues las inclemencias climáticas azotan a todas horas y por todas partes. En ejemplares inmersos en una masa boscosa, en ramas bajas de individuos aislados o en arbolillos jóvenes, las hojas se aferran a las ramas hasta que las nuevas yemas primaverales se hinchan y las empujan hacia el vacío.

No se conoce con exactitud el porqué de este comportamiento, pero se sugieren una serie de explicaciones que podrían dar sentido a la peculiaridad de estos árboles que por su situación geográfica y ecológica se sitúan en el tránsito entre zonas secas y zonas húmedas, en el caso de Europa entre la franja mediterránea y la eurosiberiana. Es una protección de las yemas invernales, de las heladas por un lado y de la desecación por otro. Por otro lado, las hojas en la copa del árbol evitan la llegada de la luz al suelo, lo que reduce la posibilidad del desarrollo de plantas que puedan competir por la humedad en primavera, momento de máxima demanda, ya que, en verano, con las altas temperaturas y la escasez de agua, se minimiza el crecimiento. Además, el barrido por el viento de las hojas caídas podría impedir el aporte de nutrientes al suelo y evitaría su presencia en la época de primavera, la de mayor demanda para el árbol. Se añade que es una defensa contra la herbivoría, pues se ha comprobado que las hojas marcescentes retraen a los grandes herbívoros de ramonear las ramillas y brotes, ya que las hojas son menos nutritivas y adquieren un sabor desagradable.[40] También se piensa que el incremento de la longevidad de las hojas respecto a los caducifolios podría ser una ventaja en ambientes con periodos vegetativos útiles relativamente cortos, ya que la actividad fotosintética es muy limitada en verano; de esta manera se amplía el periodo vegetativo y se retrasa la senescencia foliar en otoño; de hecho, los robles melojos o rebollos mantienen activo el aparato fotosintético hasta bien entrado el otoño.[41]

De no ser por la mano humana, los bosques marcescentes de rebollos y quejigos en el área mediterránea ibérica serían hoy más abundantes de lo que son. Antiguamente se destruyeron para favorecer a las encinas y más recientemente para favorecer a los pinos.[42]

HOJAS DE LAUREL Y OTRAS HOJAS AFINES

Hay un tipo de hojas muy características: simples, duras, gruesas, perennes, verdes oscuras, brillantes, anchas, ovales, con peciolos cortos y que parten al doblarlas. Algunos ya habrán adivinado que nos estamos refiriendo a las hojas del laurel. Es este un arbolillo que de manera natural se cría en zonas húmedas templadas o templado-cálidas de todos los países mediterráneos. Es muy difícil acotar su área espontánea, por haberse difundido mucho su cultivo desde la antigüedad debido a su ancestral uso humano, tanto por el aspecto culinario como por el simbólico.

Tan popular es este árbol que para poner nombre a muchas plantas con hojas semejantes se ha utilizado el nombre específico que hace relación a este. Así, en nombres científicos, podemos encontrar *Cistus laurifolius, Cocculus laurifolius, Sapindus laurifolius, Dendropanax laurifolius*; o *Passiflora laurifolia, Quercus laurifolia, Protea laurifolia, Cissampelos laurifolia, Thunbergia laurifolia, Valeriana laurifolia...*

Y no solo lo anterior: existe un tipo de bosque nuboso de climas subtropicales húmedos, caracterizado por un tipo de flora semejante entre sí, que se conoce como laurisilva o bosque laurifolio. Posee diferencias entre estaciones, pero sin grandes contrastes: suelen disponer de abundantes precipitaciones a lo largo del año, no existe una estación seca y gozan de un escaso contraste térmico. Se da en regiones tan distantes y distintas como el sudeste de China, el sudeste de Brasil, el territorio costero de Chile y suroeste de Argentina o la región macaronésica, donde se incluyen los archipiélagos de Canarias, Azores, Madeira o Cabo Verde.

Son bosques perennifolios, pues con un clima tan benigno mantienen la actividad biológica permanentemente. Suelen estar compuestos por numerosas especies arbóreas cuyas hojas recuerdan, en su conjunto, a las del laurel. Aunque el aspecto de las hojas se parezca al de este arbolillo, solo unas pocas especies de laurisilva pertenecen a la familia del laurel. En su conjunto las numerosas especies han evolucionado así, aun a miles de kilómetros de distancia, por convergencia

Hojas y frutos de *Prunus lusitanica* [Simona Pavan].

evolutiva. Las hojas han desarrollado una estrategia común, para evitar el exceso de humedad, de manera que, con la abundante capa de cera y la punta apical, que favorece el goteo, se mantienen más o menos secas a pesar de la elevada humedad ambiental.

Los bosques laurifolios de la Macaronesia son manchas de vegetación que se originaron en el Cenozoico o Terciario —hace más de 20 millones de años—, cuando cubrían buena parte de la cuenca mediterránea (sur de Europa, norte de África y Oriente Próximo), gracias al clima tropical y subtropical húmedo que reinaba en la zona. Las glaciaciones del Cuaternario hicieron que se desplazaran hacia el sur del continente europeo y el norte de África, más cálido, y que desaparecieran casi en su totalidad, manteniéndose exclusivamente en escasas localizaciones que no se vieron afectadas por los fríos y donde se han mantenido las condiciones óptimas de humedad y temperatura. Son auténticas reliquias de la vegetación dominante hace millones de años. Los archipiélagos citados fueron el principal refugio de estos bosques, gracias a que los cambios ambientales de los mismos fueron menos intensos, aminorados en parte por la regulación térmica que se produce al ser espacios emergidos relativamente pequeños rodeados del océano Atlántico.

En ciertas gargantas y cañones fluviales del extremo sur de la península ibérica también aparecen retazos de vegetación propia de esos ambientes, más cuanto más cerca del Atlántico, aunque no llega a ser laurisilva propiamente dicha, con una flora dominada por loros, laureles, acebos, madroños, durillos...

Por otro lado, es curioso destacar cómo parte de la flora mediterránea primitiva, descendientes de una antigua vegetación de plantas lauroides —laurisilva—, han elegido la frugivoría como principal método de propagación. Sus frutos son carnosos, sabrosos y brillantemente coloreados, para llamar la atención especialmente de las aves, prácticamente los únicos animales frugívoros del bosque que perciben el color. Entre ellos encontramos lentiscos, durillos, laureles, madroños, acebuches, aladiernos, mirtos, ruscos, etc.[43]

Fotografía macroscopica de una nube de polen en un
ejemplar de *Pinus pinea* [Brian Maudsley].

De flor en flor

«Todo olor vegetal es el resultado de los brincos de la savia, de esa voltereta invisible que transforma la luz en flores y que, como pocos otros acontecimientos naturales, altera los ritmos pausados del invierno, ese clasicismo musical, por el blues que es la primavera temprana». JOAQUÍN ARAÚJO

POLINIZACIÓN POR VIENTO

La polinización es la transmisión de los granos de polen desde los estambres, órganos de reproducción masculinos, hasta los estigmas, órganos femeninos de las flores receptoras. Si el proceso culmina con éxito se producirá la fecundación y, más adelante, el fruto y las semillas. La polinización cruzada, aquella que se realiza entre individuos diferente de una misma especie, es vital para la buena salud de las poblaciones vegetales a corto plazo y para la evolución de las especies a largo plazo.[44]

Existen diferentes mecanismos de polinización y de agentes o vectores encargados de llevar a cabo esa transmisión. En función de estos se reconocen diversos tipos de polinización: por el aire (anemofilia), por el agua (hidrofilia) o por distintos grupos de animales (zoofilia), si bien dentro de estos últimos destacan los insectos (entomofilia). Cada especie vegetal suele estar especializada con un tipo de polinización.

En la polinización por el viento es una grandísima casualidad la que se tiene que dar para que un grano de polen alcance los órganos femeninos de otra flor de la misma espe-

Nube de polen en pinar de pinos silvestres
(*Pinus sylvestris*) (Orea. Guadalajara, España).

cie, pues la casi totalidad de los pólenes emitidos por una planta caerá en tierra de nadie, se perderá. Por ello, las especies anemófilas producen una ingente cantidad de granos de polen, pequeñísimos, microscópicos, que se mantienen viables mucho tiempo y que poseen características aerodinámicas especiales para permanecer en el aire y trasladarse a grandes distancias. ¡A la búsqueda del ovario perdido!

Las flores de las especies anemófilas son poco aparentes o vistosas, y suelen situarse en el extremo de las ramas (pinos), de manera que no haya nada que impida al polen liberarse al espacio exterior; las envolturas del cáliz y la corola son muy pequeñas o no existen (fresnos); los estambres sobresalen de las flores y los estigmas suelen ser ramificados, como en las gramíneas, para captar mejor el polen, o muy agrandados, con objeto de capturar el polen suspendido en el aire. Muchas especies de hoja caduca polinizadas por el viento, como el olmo, el abedul, el fresno, el avellano, el carpe, el haya, el aliso, el chopo, el sauce o el roble, suelen producir sus flores antes de que broten las hojas —floración precoz—, de manera que los granos de polen pueden salir de las flores de una planta y llegar a las flores de otra sin estorbos, sin que el maldito follaje sea un impedimento para su movilidad. Otras especies disponen las flores masculinas agrupadas en inflorescencias colgantes —amentos—, como sucede, entre otros, con las especies del género *Quercus*, los alisos, los álamos, los abedules, los castaños y los avellanos.

No solo los órganos emisores de polen se han especializado en favorecer la salida de este y de facilitar su dispersión a largas distancias, también los receptores han evolucionado de manera complementaria, encauzando las corrientes de aire del entorno inmediato de sus flores hacia sus órganos receptores, de manera que esos cambios anatómicos permiten que el polen eólico acceda al micrópilo, abertura de los óvulos. Y, además, los órganos florales femeninos en muchas especies anemófilas han adoptado ligeras variaciones para adaptarse a la morfología de los granos de polen de su especie, y ser así mucho más eficientes a la hora de recepcionar los pólenes aerovagantes por la atmósfera.[45]

Semillas de diente de león [Simic Vojislav].

Frente a los inconvenientes de que sea el azar el que determine el éxito de la polinización anemófila y de que la lluvia puede precipitar al suelo los granos de polen, las plantas reaccionan incrementando la producción de polen, la superficie de captura y regulando la emisión de polen, dependiendo del grado de humedad atmosférica. Como contraste, sabemos que una especie anemófila como el ciprés común puede producir 365 000 granos de polen por flor, frente a 2300 granos por flor que produce una especie entomófila como el romero.[46] Un amento de abedul puede llevar cinco millones y medio de granos y un ejemplar de abedul puede tener miles de amentos… ¡Multipliquen ustedes lo que puede dispersar un solo árbol! En algunos pólenes el viento puede transportarlos hasta cinco mil kilómetros y elevarlos a casi seis kilómetros de altura de sus progenitores.[47]

La polinización a través del viento suele ser característica de especies que forman masas monoespecíficas o, al menos, que forman bosquetes o manchas continuas, para poder ser más eficaces en su estrategia reproductiva. La cercanía de los destinatarios aumenta en gran medida la probabilidad de que el polen caiga sobre el órgano femenino de otra flor de la misma especie. Pies aislados, dispersos en medio de ejemplares de especies diferentes, tienen muy difícil tener éxito en su transporte aerovagante, por lo que su estrategia se suele basar en la polinización a través de animales. También es característica de especies que constituyen formaciones herbáceas amplias y abiertas, como los pastizales, en las que el viento no tiene obstáculos para transportar el polen que se encuentra en flores situadas en lo más alto de las plantas.

Las especies anemófilas son muy poco eficientes, debido a la dificultad de que el grano de polen acabe depositado casualmente en el órgano femenino compatible. La floración, al ser tan abundante y masiva, les supone un enorme gasto energético. Esa abundancia se aprecia fácilmente en el suelo de los pinares o en masas de aguas estancadas próximas a grandes grupos de especies anemófilas, donde todo se recubre de una fina película amarilla durante la época de polinización.

Abeja melífera libando en flor de lilo (*Syringa vulgaris*). Obsérvese el acúmulo de polen que lleva en sus patas (Almonacid de Zorita. Guadalajara, España).

Por cierto, entre los árboles, la anemofilia es característica de coníferas (pinos, enebros, abetos, cedros, cipreses, alerces...) y de abedules, plátanos de paseo, hayas, castaños, etc. Y, como siempre sucede, también hay especies con un comportamiento mixto, como es el caso del olivo, el roble o la encina, que, aunque son fundamentalmente anemófilas, no desdeñan la ayuda de muchos insectos para transportar parte de sus granos de polen a otras flores.

POLINIZACIÓN ANIMAL

En las planifolias, plantas más modernas y evolucionadas que las coníferas, la polinización se realiza normalmente gracias a la participación de animales, de manera que el proceso es mucho más eficiente que en el caso de la anemofilia y, por lo tanto, no necesitan producir una cantidad tan grande de granos de polen por flor. Eso sí, es necesaria la participación obligatoria de un transportista entre la planta productora del polen y la receptora, normalmente un insecto, aunque en determinadas zonas del planeta son los colibríes o los murciélagos los principales agentes polinizadores. Estos últimos son los polinizadores básicos de algunas flores tropicales tan famosas por sus productos o sus derivados como el banano, el aguacate o el ágave.

Se considera que en torno al 87% de las especies de angiospermas (plantas con verdaderas flores que producen semillas encerradas en un fruto) dependen de polinizadores para reproducirse.[48] En muchos casos, las plantas y sus insectos polinizadores han evolucionado conjuntamente, han coevolucionado, de manera que cada vez se han adaptado más el uno al otro, hasta llegar en ciertos casos a ser necesarios e imprescindibles entre sí. Los polinizadores normalmente visitan varias especies diferentes, pero en casos extremos solamente lo hacen a una concreta.

Las flores con polinización zoófila con el paso del tiempo se han ido haciendo cada vez más atractivas a los polinizadores. Para ello se sirven de muchas estrategias: flores grandes, aumento del número de flores en el caso de tener inflorescencias —conjunto de flores agrupadas en un único eje—, formas llamativas, pétalos y sépalos coloreados, emisión de fragancias, producción de néctares, etc.

En el caso de la polinización por animales no es que estos ofrezcan sus servicios de transporte de material genético de manera voluntaria y desinteresada. Es un trabajo reservado a especialistas, y eso se paga. En sus lugares de origen y destino siempre hay premio, un avituallamiento exquisito para que no desfallezcan, para que reconozcan el agradecimiento de las plantas visitadas; por eso a todo animal que se acerque con esas intenciones se le agasajará con un alimento extraordinario: néctar y polen; es decir, los animales llegan allí porque van a rapiñar las entrañas de las flores... y, de forma complementaria, y sin darse cuenta, son los encargados de transportar el polen de una planta a otra de la misma especie. Podría considerarse que actúan como *mamporreros vegetales.*

El color de las flores, normalmente determinado por los pétalos, se debe a los pigmentos que poseen. Cuando la luz incide sobre ellos absorben determinadas longitudes de onda y reflejan el resto. El color blanco en los pétalos es una consecuencia de la falta de pigmentos, ya que la no existencia de estos provoca que la luz se refleje completamente. También hay que tener en cuenta que los insectos y las aves polinizadoras detectan no solo los colores que detectamos los humanos, sino que perciben longitudes de onda más cortas (ultravioletas).[49] Igualmente sabemos que, mientras que los insectos prefieren flores azules, blancas o amarillas, las aves polinizan preferentemente las de color rojo.[50] Hay insectos que se han especializado en polinizar flores de determinados colores, ya que tonalidades como el amarillo atraen a un mayor número de especies polinizadoras que si estas son de color rojo, menos atractivo para estos artrópodos.[51]

El color no es el único elemento de atracción, pues también influye el olor y la forma. En general consideramos que el olor que desprenden las flores para atraer a los insectos suele ser agradable, sutil, atractivo... para el sentido del olfato de los humanos. Lilas, rosas, violetas, árboles del paraíso o melias nos vienen a nuestro pensamiento. Esto suele suceder, pero también puede ocurrir lo contrario: hay plantas y hongos que emiten olores desagradables para nosotros, aromas a descomposición, a muerto... La misión de estas moléculas olorosas volátiles, como la cadaverina o la putrescina, generadoras del fétido olor a podrido, es atraer mediante el engaño a insectos carroñeros, con el supuesto premio de encontrar un cadáver en putrefacción con el que alimentarse o en el que colocar sus huevos. Sucede en ciertas plantas carnívoras, en algunos gigantes vegetales como el aro titán, en el eléboro fétido (*Helleborus foetidus*, ¡atención al nombre específico!) o en setas como el *Phallus impudicus* (¡con este nombre imagínense la forma!), que llena de moscas el *glande* —sombrero— hasta no caber ninguna más, que se encargarán de diseminar sus esporas. De lo que no hay duda es que las plantas polinizadas por insectos tienen una fragancia más potente y detectable que cualquier flor con polinización anemófila. Incluso las fragancias pueden ser distintas, dependiendo de si se polinizan por mariposas o por abejas.

La forma de las flores también es importante, ya que es básica para que muchas especies animales puedan penetrar o acceder al interior de la flor, o para facilitar el acople del propio polinizador. En flores grandes se posan escarabajos y mariposas, en flores en forma de disco o cuenco moscas, en ciertas orquídeas las formas son precisas para el ajuste de las abejas polinizadoras... En general las polinizadas por abejas tienden a ser verticales, mientras que las polinizadas por aves —colibríes especialmente— suelen tener una orientación horizontal.

Aunque la mayor parte de los insectos son capaces de alimentarse de numerosas flores distintas, y por lo tanto de polinizar diferentes especies, se ha comprobado que muchos de ellos poseen fidelidad libadora. Los insectos son fieles durante todo el día a la primera especie que visitan —liban— por la mañana, algo que, desde luego, beneficia enormemente a la planta, pues si no su polen se perdería irremediablemente en las entrañas de cualquier otra flor ajena al material genético que portan.[52]

Phallus impudicus [Siloto].

Quizás sea el momento adecuado para recordar la situación de declive en el que se encuentran el conjunto de polinizadores en general, y miles de especies de abejas en particular. La intensificación agrícola, los monocultivos, la fragmentación del territorio, el uso de determinados biocidas, la crisis climática, entre otros, están provocando una desaparición masiva de multitud de especies polinizadoras. Su pérdida no solamente supone una disminución de la rica fauna invertebrada, sino que puede suponer una merma en la producción de alimentos agrícolas y un desajuste en multitud de ecosistemas.

NO A LA AUTOFECUNDACIÓN

La procreación entre individuos muy próximos desde el punto de vista biológico es indeseable en el mundo vegetal, no por ley, sino por supervivencia de las propias especies. Las plantas han evolucionado de manera que, en general, evitan la consanguinidad.

El sexo en el planeta está configurado para mezclar genes de dos individuos distintos para obtener uno nuevo que tendrá genes no idénticos a los anteriores. En esa mezcla unas veces aparecen fortalezas y otras debilidades, que la evolución se irá encargando de seleccionar y de hacer que se mantengan o desaparezcan a lo largo del tiempo.

Todos los árboles tienen a sus madres más o menos cerca, ya se hayan reproducido por renuevos (brotes de raíz), rebrotes (brotes de cepa) o por semillas. De las dos primeras formas no es que estén cerca, es que forman parte del mismo individuo.

En el caso de la reproducción sexual, en la que el grano de polen llega al fondo del conducto en el que se encuentra el ovario y se inicia la fecundación, es de entender que el padre, el que aporta el polen, de antemano no debería estar demasiado lejos; es decir, la intensidad de las relaciones familiares entre los individuos de una población se reduce con la distancia que los separa, de manera que a medida

Tomillo salsero en floración (*Thymus mastichina*) [Siloto].

que nos alejamos de una planta la probabilidad de encontrar a sus padres, abuelos, bisabuelos... disminuye.[53] Por lo tanto, el bosque se conformará de agregados familiares que se encuentran entremezclados entre sí.

El que la semilla caiga en las cercanías del árbol madre no es difícil, lo que no es tan de cajón es que el polen fecundador proceda del árbol más inmediato. En estudios llevados a cabo en el Sistema Central español se comprobó que los robles más próximos no se reproducían más entre sí, aunque de lógica a los vecinos les llega mayor cantidad de polen. Esto quiere decir que al estar estrechamente emparentados probablemente existen problemas para que la fecundación sea efectiva, lo que no ocurre cuando el polen procede de individuos con genes más alejados.[53]

Los estambres, que son los productores de polen, son los órganos sexuales masculinos. El pistilo, por su parte, aloja el ovario, donde se producirá la fecundación. Muchas de las plantas tienen flores hermafroditas, con los dos sexos en la misma flor; otras tienen en el mismo ejemplar flores masculinas y flores femeninas, y, sin embargo, no es fácil la autopolinización, es decir, que el polen acabe alojado en el ovario de la misma flor o de otra flor de la misma planta. Las plantas procuran evitar la consanguineidad, reconocen cuándo el polen es propio o de otro individuo.

Para evitar la autofecundación, los árboles han ido diseñando a lo largo de la evolución diferentes estrategias. En el caso de las encinas o hayas, por ejemplo, existe un desfase de varios días entre la aparición de las flores masculinas y de las femeninas de un mismo ejemplar, de manera que estas últimas se fecundarán con el polen procedente de otros individuos.

En muchas especies, las denominadas dioicas, las que tienen individuos femeninos e individuos masculinos —en cada pie solo hay flores de un sexo—, como el sauce, el álamo blanco, el pistachero, el kiwi o la palmera datilera, lo que está claro es que sí o sí tiene que haber cruce de genes entre diferentes ejemplares, pues la autofecundación se antoja imposible.

Inflorescencia de palmera canaria (*Phoenix canariensis*) (Alicante, España).

En el caso de las especies monoicas, aquellas que tienen flores de ambos sexos en el mismo ejemplar o que poseen flores hermafroditas, es el árbol el que rechaza el propio polen. El polen de un individuo puede llegar a la parte femenina de la misma flor o de otra flor del mismo pie. Sin embargo, determinados mecanismos de las plantas reconocen que ese material genético corresponde exactamente con ellas, por lo que el vegetal siente la amenaza de la consanguinidad, de manera que la flor reacciona e impide que se consume la reproducción, lo que impide la formación del tubo polínico que lleva al gameto masculino hasta el óvulo.

Hay unas 270 000 especies de plantas con flores y cada una tiene un polen diferente —como las huellas digitales de los humanos—. Así pues, las plantas solo reconocen como propios los pólenes de la misma especie.[54]

Hay plantas que habitualmente se polinizan gracias a los insectos, pero al mismo tiempo pueden autofecundarse, ya que sus gametos masculinos y femeninos son compatibles, como pasa en la salvia o el tomillo. Son estrategias adaptativas para cuando hay pocos insectos polinizadores en el entorno. Aun así, estas plantas entomófilas y autocompatibles tienen fragancias más potentes y diversas, hecho que resalta que prefieren la polinización cruzada, intercambiar polen con otras plantas, para mantener la variabilidad genética de los individuos y asegurar la supervivencia de la especie.[55]

Moraleja: ¡el sexo vegetal, la unión del polen con el óvulo para producir la fecundación, mejor entre desconocidos!

EL SEXO SÍ IMPORTA

En el *bosque urbano*, conjunto de árboles situados en las zonas verdes de nuestras ciudades, la elección de especies, y de ejemplares dentro de estas, debe ser cuidadosa. Nadie duda de las virtudes de tener ciudades arboladas, pero esta misma cubierta vegetal también presenta, en ocasiones, algunos problemas. Todas las personas se pueden ven beneficiadas o afectadas por la proximidad de nuestros congéneres de celulosa.

Cuando los árboles los reproducimos vegetativamente (estaquillado, injerto, acodo) obtenemos como resultado clones, es decir, ejemplares exactamente iguales a sus progenitores, que conservan las características que nos interesan. Sin embargo, cuando existe reproducción sexual (semilla), al generarse una unión de información genética distinta de cada uno de los progenitores, el árbol resultante será parecido a estos, pero no idéntico.

No todas las flores son iguales ni tienen los mismos órganos. En las áreas urbanizadas los diferentes tipos de flores van a provocar —en algunos casos— situaciones que determinen la elección de especie, el uso o no de determinados ejemplares o el rechazo social. Así, un mal olor, un fruto pringoso o que produzca manchas, árboles alergénicos... pueden convertir un entorno agradable en un espacio rechazable por parte de la población.[56]

En muchos casos, los técnicos municipales (donde los hay) no solo se deben conformar con elegir la especie o especies más adecuadas al lugar en el que hay que plantar, pues incluso puede ser aconsejable, dentro de una misma especie, elegir el sexo de los ejemplares. ¡Y no es un capricho! Esta selección debe venir dada por el vivero, pues, a simple vista, sin ver los órganos florales —o los frutos—, es poco menos que imposible distinguir si es un pie macho, hembra, monoico (con los dos sexos en el mismo ejemplar)... Pero en los viveros productores, si han reproducido las plantas mediante cualquier sistema de multiplicación vegetativa, pueden controlar exactamente las características de los diferentes ejemplares. Tenemos algunos casos cercanos que vamos a repasar.

Uno de los más llamativos es el caso del ginkgo, árbol único en el mundo. No tiene parientes vivos y está considerado como un fósil viviente, pues es una especie antiquísima de la que existen fósiles claramente emparentados de hace unos 270 millones de años. De excepcional porte y de magníficos resultados cromáticos en las diferentes estaciones, esta especie posee pies machos y hembras, es dioica, con la fatalidad de que sus semillas, en forma de pequeña naranjita, al madurar generan ácido butírico y produce un olor nauseabundo al pudrirse. Evidentemente, los frutos los genera el pie hembra, por lo que el gestor, para evitar este desagradable factor, debe tender a utilizar únicamente los machos.

Las moreras y los morales, muy familiares para buena parte de la población, son originarias de Asia. Con la ruta de la seda viajaron hasta numerosos territorios, en los cuales se introdujeron inicialmente para producir alimento para los gusanos de seda y desarrollar esta industria textil. Muy extendidos como ornamentales en la Europa mediterránea, son algunos de los árboles que más han sufrido con la urbanización de los pueblos y ciudades. Hasta hace poco eran de los pocos árboles tradicionales de las alineaciones, hasta que se comenzaron a pavimentar los paseos y se dotaron de mobiliario urbano (por ejemplo, bancos). Las manchas provocadas por la caída de sus moras fueron el motivo de que se arrancasen infinidad de estos árboles y se dejasen de plantar con asiduidad. Sin embargo, tenemos la fórmula para utilizar estas especies tan rústicas y frondosas sin los perjuicios citados: utilizar pies machos. En estas especies hay ejemplares con los dos sexos, los más comunes, y otros solo con flores masculinas, agrupadas en espigas, y que son los que en la actualidad se denominan *fruitless*.

En otros casos el problema lo sufren barrenderos y jardineros, además de vecinos. Los arces también son dioicos. Las hembras fructifican abundantísimamente, dispersando sus frutos, *helicópteros*, a lo largo de todo el invierno, con lo que los vecinos no pararan de recoger estos frutos, casi diariamente, hasta la primavera. Los ejemplares masculinos únicamente soltarán los restos de sus flores, al principio de la primavera, en un periodo de tiempo reducido.

La mayor parte de las palmeras son dioicas, aunque no todas las especies. Según el uso interesará una mayor presencia de pies hembras o de pies macho. Si lo que queremos es la producción de dátiles, qué duda cabe que la mayoría de los ejemplares deberán ser femeninos, dejando solo unos cuantos masculinos como polinizadores. Sin embargo, si su uso es ornamental, la caída de los dátiles puede producir un gran problema de suciedad, por lo que se debe priorizar la plantación de palmeras macho.

Otra de las especies en la que hay diferencias entre las plantas macho y hembra es el laurel, árbol consagrado a Apolo. Los pies masculinos llevan las flores blanco-amarillentas, que forman ramilletes en la axila de las hojas y que durante unos días ofrecen un aspecto vistosísimo; por el contrario, los femeninos llevan un fruto carnoso, como una pequeña canica de color negro-violáceo. El problema de estos frutos se produce cuando bajo las plantas hay pavimentos duros: al pisarlos su aceite se queda impregnado en baldosas, bordillos...

A pesar de lo visto, no siempre va a ser mejor elección la de los machos. Existen casos muy claros en los que los ejemplares preferidos son las hembras. Quizás destaquen dentro de estos los tejos y los acebos. Los frutos rojos, que permanecen en sus ramillas durante parte del otoño y del invierno, contrastan intensamente con el verde de sus hojas, o con la desnudez de gran parte de las plantas del entorno. Además, muchas aves, atraídas por estas golosinas, visitarán el jardín para completar su dieta.

Tampoco debemos olvidar el problema de las alergias polínicas (rinoconjuntivitis, asma...), que cada vez afecta a un mayor número de personas. Es achacable única y exclusivamente a las flores masculinas. Por ello, en ciertos casos de polinización anemógama, la producida por el viento, es preferible utilizar pies femeninos, siempre y cuando las especies sean dioicas.

ALERGIAS POLÍNICAS

Prácticamente todas las plantas que generan alergias polínicas son especies anemófilas, productoras de grandes cantidades de polen que se dispersan a la atmósfera en búsqueda de posibles flores femeninas que fecundar. Los granos de polen poseen características aerodinámicas especiales para permanecer y trasladarse a grandes distancias: suelen tener ornamentaciones lisas, y en algunas especies, como sucede en la familia de las pináceas, los granos de polen han desarrollado sacos aeríferos que disminuyen su densidad y aumentan su flotabilidad.

Las flores de las especies alergénicas, como corresponde a las anemófilas, son poco vistosas y suelen situarse muy expuestas en los extremos de las ramas. El sobreexceso en la producción de polen y el traslado de los alérgenos a la atmósfera trae como consecuencia directa la aparición de las alergias en la población sensible, lo que se manifiesta en forma de conjuntivitis, rinitis y asma. La polinosis ha pasado de ser una enfermedad muy rara, que afectaba solo a la clase aristocrática, a ser el trastorno inmunológico que con más frecuencia afecta al ser humano en la actualidad.

Hay alergias polínicas a lo largo de todas las estaciones del año, pero la época de más afección es la primavera, momento en el que florecen la mayor parte de las especies de clima templado.

En la cumbre de las especies causantes de polinosis en el mundo están las gramíneas (avenas, dáctilos, poas, ballicos...), con miles de especies que se encuentran por doquier prácticamente en todos los rincones del planeta. En la península ibérica, además de estas anteriores, destacan por su incidencia varios grupos de especies arbóreas. El olivo es la segunda causa de polinosis, debido a la alergenicidad de su polen y a las extensísimas superficies cultivadas de este árbol; no hay que olvidar que España es el país del mundo con mayor superficie oleícola. Las cupresáceas no le van a la zaga, ya que cipreses, arizónicas, macrocarpas, leylandis, criptomerias, cipreses de Lawson, tuyas, enebros,sabinas... están cada vez más presentes en nuestras vidas, no solo por poblaciones naturales sino porque muchas de estas especies se han convertido en básicas y abundantes del ornato vegetal de las ciudades y en plantaciones forestales de buena parte del planeta. El grupo de especies anteriores, de la familia de las cupresáceas, suelen ser las responsables de las alergias invernales, pues florecen, la mayor parte de ellas, desde diciembre hasta marzo. Los plátanos de sombra, con una

Flores de olivo silvestre (*Olea europaea sylvestris*) (Los Barrios. Cádiz, España).

decena de especies en todo el mundo, son, en este aspecto, muy problemáticas y afectan a buena parte de la población, pues se ha plantado con asiduidad y abuso en multitud de poblaciones de zonas templadas del mundo. Sin olvidar a los abedules, que son la principal polinosis en Europa Central y países bálticos.[57]

La presencia de pólenes en la atmósfera está directamente afectada por las condiciones meteorológicas, no solo por los cambios diarios, sino por las tendencias climatológicas generales. Los cambios en la polinización debidos a las variaciones en el clima pueden afectar a la prevalencia y severidad de las enfermedades alérgicas. Hay evidencias de que el cambio climático influye en la producción de pólenes y alérgenos, en su grado de alergenicidad, en la duración de la estación polínica y en la presencia y la distribución de las plantas en general y las alergógenas en particular.[46] Además, la contaminación ambiental incrementa el número de casos de polinosis, por lo que en las ciudades el número de afectados es mucho mayor que en pequeñas poblaciones.

Germinación de un guisante (*Pisum sativum*) [Anet].

Entre frutos y semillas

*«Cada semilla aguarda a que suceda algo y solo ella sabe qué es.
Debe darse una combinación única de temperatura, humedad y luz,
junto a otros factores adicionales, para convencer a una semilla
de que salte al exterior y se decida a cambiar. Para que aproveche
su primera y única oportunidad de crecer».* HOPE JAHREN

LA MAGIA DE LA VIDA

Las semillas son las unidades de diseminación y reproducción vegetal de las plantas superiores, las más evolucionadas, y proceden del desarrollo de los óvulos de las flores. Mientras tienen capacidad de germinar, las semillas están vivas, aunque a la vista parezcan algo inerte. Las semillas tienen generalmente forma engrosada, ya que no dejan de ser recipientes que conservan reservas para alimentar al embrión que permanece dentro, a la espera de ver la luz. En su interior alojan el molde de la futura planta. Cuando el embrión contenido en una semilla empieza a crecer, básicamente lo que hace es estirarse desde su posición primigenia hasta que materializa la forma que lleva contenida en su seno.[9]

La planta madre dotó a la semilla, su descendiente, de una mochila llena de alimento, imprescindible para los primeros momentos de su vida. No la abandonó sin más, sin darle un pequeño empujón para que se hiciese independiente, pues la envió a la aventura con unas reservas con las que alimentarse hasta su emancipación absoluta. Para echar la raíz y hasta que el brote no emita hojas definitivas, capaces de realizar la fotosíntesis, periodo que puede durar unos días o unas sema-

Frutos del castaño con sus tres semillas (*Castanea sativa*)
[Kuttelvaserova Stuchelova].

nas, las nuevas plantas necesitan del morral con el sustento que la madre preparó bajo las cubiertas de las semillas.

Una vez enraizadas el inmediato trabajo es crecer hacia arriba. Las reservas se agotan y las jóvenes plantas necesitan captar luz. Emergen los cotiledones, en las frondosas dos hojitas carnosas que días antes eran las dos mitades de la semilla, que rápidamente se vuelven verdes y que serán el preludio de la aparición de las hojas verdaderas. En unas especies estos cotiledones se elevarán sobre el suelo —germinación epígea— y en otras permanecerán junto al mismo —germinación hipógea—. Aguantarán poco, cuanto menos mejor, para dar paso a las nuevas hojas, muy distintas de los cotiledones, de manera que la fotosíntesis se lleve a cabo a pleno rendimiento rápidamente, antes de que mueran exhaustas. Por eso, cuando una semilla se entierra a gran profundidad acaba muriendo antes de salir a la superficie. Con las reservas emite la raíz y después crece y crece hacia arriba, intentando buscar la luz, algo que no llega, pues el trayecto es interminable, de forma que acaba con todas sus reservas antes de conseguirlo. ¡Nunca verá la luz del sol!

Además, se sabe que las semillas tienen memoria: conocen lo que han pasado sus madres, y abuelas, y bisabuelas…, y lo que ellas deberán pasar. Si tomamos semillas de una misma especie, unas de zonas frías y otras de zonas cálidas, y las sembramos en las mismas condiciones, saldrán unos plantones aparentemente iguales. Si estos arbolillos los plantamos todos en un mismo espacio, cuando son mayores sucede que hay variaciones de días o semanas entre los que procedían del frío y los que procedían del calor, a la hora de echar yemas, de brotar… Cada uno recuerda el frío que experimentó antaño, en el cuerpo de sus antecesoras.

En general, se ha comprobado que el índice de mortalidad de las semillas es mucho mayor bajo sus progenitores que cuando germinan alejados de ellos. La madre, que se ha preocupado de generar una semilla sana y lozana, es, ahora, su máxima competidora. ¡Mucho te quiero, pero lejos de mí! La falta de luz y la competencia de las raíces provocan una mortandad masiva de las semillas que caen debajo.

Semillero natural de acirón (*Acer platanoides*) (Uña. Cuenca, España).

LA ESPERA ADECUADA

Una vez que cae al suelo la semilla, espera pacientemente su hora. Antes de que germine, si eso sucede, pasa un tiempo más o menos largo en el suelo —en superficie, enterrada, entre la hojarasca— formando una reserva genética a la espera de ver la luz, aguardando las condiciones adecuadas tanto de la propia semilla como del medio externo. Algunas veces no es el suelo su destino final, sino la grieta de una roca, las oquedades de un tronco, las fisuras de las cortezas... Lo normal es que germinen en la temporada siguiente, pero no siempre es así. Hay árboles que son muy precoces en florecer y fructificar, por eso, cuando comienza la primavera sus simientes, ya están en el suelo esperando la humedad, temperatura y luz adecuadas para germinar. Olmos, sauces... germinan a los pocos días o semanas de caer del árbol. Incluso los más urbanitas lo pueden ver: en las primaveras lluviosas los alcorques de los árboles situados en aceras o plazas, las alcantarillas cegadas, junto a bordillos o en rincones de las ciudades que no se limpian nunca, aparecen semilleros espontáneos en los que se apelotonan cientos de arbolillos recién germinados que morirán tras ese impulso de los neonatos. Han nacido donde no debían.

Algunas semillas tienen la capacidad de aletargarse y aguantar pacientemente hasta que llega el momento más adecuado para germinar. Utilizan como estrategia su relativa desecación para conservarse, pues, mientras en el resto de la planta puede haber un contenido de agua en torno al 80%, en las semillas este porcentaje se puede reducir hasta el 5%. Los huesos de las cerezas, por ejemplo, pueden esperar un siglo hasta que encuentran el momento óptimo para empezar a crecer.

En un clima tropical, con humedad y temperatura favorables para la germinación a lo largo de todo el año, el embrión podrá salir en cualquier momento, sin necesidad de esperar a estaciones más adecuadas, pues cualquier época es buena para aventurarse en iniciar su recorrido vital. Eso sí, las semillas no poseen mecanismos para conservar a largo plazo su poder germinativo. No han evolucionado así porque no les es necesario.

Bellotas de rebollo germinando (*Quercus pyrenaica*)
(Menasalbas. Toledo, España).

En las zonas con estaciones frías o estaciones secas, o con ambas a la vez, existen condicionantes para que no germinen durante esos periodos. Unas veces porque la tierra está congelada y se producen heladas permanentes, y otras veces por todo lo contrario, debido a que el calor y la sequedad del suelo y del aire impiden su germinación. El embrión se mantiene en estado de vida latente, protegido por su cubierta, hasta que el sustrato se dota del calor y la humedad adecuada, acompañado de factores ambientales propicios.

Muchas de las especies germinan a los pocos días de madurar y otras a la temporada siguiente en la que las condiciones ambientales sean favorables. En climas templados o mediterráneos la germinación normalmente suele acontecer en primavera. Sin embargo, en determinadas situaciones suceden cosas extraordinarias, en las que las semillas conservan su capacidad germinativa durante largos periodos de tiempo. Semillas de loto sagrado que germinan tras más de 1000 años de espera, de magnolia o palmera datilera tras 2000 años o de altramuz tras 10 000 años. Es decir, en estos casos extremos, después de diez milenios habría llegado la siguiente generación y podríamos ver las mismas flores que vieron nuestros antepasados en el Neolítico.[54] Siglo y medio es lo que tardaron unas semillas de acacia de Constantinopla en germinar: en 1940, el incendio que siguió al bombardeo del Museo Británico por parte de la aviación alemana provocó el despertar de la latencia de algunas semillas de este árbol que habían sido recogidas en China ciento cuarenta y siete años antes.[10] Es verdad que, para alcanzar estas cifras anteriores, se han de dar unas condiciones muy especiales. Por ejemplo, con bajas temperaturas se ralentiza la respiración y, por lo tanto, la conservación de las reservas alimenticias de las semillas. Estas son, obligatoriamente, semillas ortodoxas, aquellas que aguantan la conservación a largo plazo dándose una serie de condiciones de temperatura, humedad, oxigenación…

Por otro lado, hay una serie de especies, pocas en cantidad, pero muy importantes por su abundancia en buena parte de Europa, que poseen semillas que no se mantienen

Frutos «disámaras» del arce blanco (*Acer pseudoplatanus*) (León, España).

viables durante mucho tiempo, por lo que no toleran el almacenamiento durante largos periodos, a lo sumo unos meses, pues no pueden sobrevivir cuando su contenido de humedad disminuye. Por debajo de un 20% de humedad pierden rápidamente la viabilidad. Las semillas recalcitrantes, que son las que poseen estas características, no experimentan deshidratación en la planta madre, se desprenden hidratadas y tras caer pasan directamente a la germinación. Eso es común en muchos árboles tropicales, y también es especies como los robles, quejigos, hayas, castaños, encinas o alcornoques, entre otros. Por eso estas semillas no se pueden conservar de una temporada a otra, excepto en condiciones muy especiales y con tecnología aplicada al efecto. Sin embargo, esa característica hace que algunas de ellas sean comestibles tanto para las personas como para el ganado.

LOS MIL Y UN ARTILUGIOS PARA VOLAR

Una de las cosas que presenta mayor unanimidad es que las plantas no se mueven; eso es cierto... relativamente. Es verdad para los individuos asentados, pero no para las especies, pues gracias a sus semillas tienen una capacidad inmensa de desplazarse.

La tarea que tiene cualquier semilla por delante es germinar, producir una nueva planta y perpetuar su especie. Para una cría animal, el estar cerca de sus progenitores es, normalmente, la mejor forma de intentar asegurarse una vida más o menos larga. Para las plantas el que las semillas caigan debajo del árbol madre no suele ser una forma muy inteligente de afianzar la supervivencia. Bajo su antecesora siempre habrá una competencia feroz por la luz, el agua y los nutrientes que llevará a las nuevas plántulas a una muerte segura.

Para intentar buscar un sitio adecuado en el que germinar y enraizar, lejos de las fauces de su progenitora, las semillas han buscado las mil y una maneras de dispersarse. Unas veces viajan varias juntas en el interior del fruto. En el caso

Frutos «disámaras» del arce blanco (*Acer pseudoplatanus*) [XPixel].

de frutos carnosos las aves o mamíferos frugívoros se encargan de tragarse todo junto, para después excretar o regurgitar las semillas en lugares alejados.

En otros casos las semillas no esperan ayuda de nadie externo, se buscan la vida por sí solas. Los arces poseen unas membranas que les hacen volar exactamente igual que lo hacen los helicópteros con sus hélices, ya que las semilla está situada a un lado del fruto, extendiéndose el ala hacia el otro lado, de manera que en la caída gira sobre sí misma en espiral. Fresnos, olmos y abedules tienen la semilla en el centro del ala, lo que facilita que se alejen lo suficiente de su lugar de origen con poco que sople el viento, al igual que sucede con el ailanto o árbol del cielo. En el caso de los carpes, cuyas especies se distribuyen por las regiones templadas del hemisferio norte, especialmente China, Europa y Norteamérica, la pequeñez de la semilla junto con la asimetría de las alas, que poseen forma trilobulada, es la que produce un giro al caer que facilita la dispersión por el soplo del aire.

Los pinos, por ejemplo, tienen las semillas aladas, para que cuando las piñas o estróbilos maduren y se abran, los piñones se puedan alejar de su madre con la ayuda del viento. Sin embargo, las piñas, que son leñosas y poseen la propiedad de la higroscopicidad, se abren o se cierran —pliegan o estiran sus escamas— según el contenido de humedad del aire. Cuando el ambiente es seco se abren para dispersar sus semillas, pero cuando el ambiente es húmedo la piña se cierra y se aprieta sobre sí misma, de manera que hace imposible que caiga ninguna semilla. Al parecer esta estrategia obedece a que, si el día es húmedo o lluvioso, la semilla caería en vertical, a los pies de la planta madre, con lo cual hipoteca su germinación y desarrollo futuro.[58]

Los chopos, los álamos, los sauces y los tarayes crean una pelusa algodonosa adherida a sus semillas casi casi tan ligera como el propio aire, por lo que vuelan sin cesar hasta depositarse en los sitios más inesperados. La presencia de ejemplares del género *Populus* (chopos y álamos) puede provocar una nevada de vilanos blancos en aquellos espacios donde habitan. En entornos humanizados es un gran inconveniente por

Barrilla, correcaminos o churumisco (*Salsola kali*).

la carga que supone su limpieza, por la incomodidad para los viandantes de la permanencia aerovagante durante largo tiempo e, incluso, por el peligro de incendios provocados por desaprensivos que comprueban lo fácil que prenden cuando se acumulan abundantemente en sitios resguardados. Y, por si eso no fuese suficiente, la dispersión de las semillas con su penacho plumoso suele coincidir con la polinización de muchas gramíneas. Por ello, infinidad de personas achacan sus problemas de alergia polínica a los chopos y álamos, muy poco alergénicos por cierto, sin percatarse de que las verdaderas responsables son las herbáceas citadas. Tienen la mala suerte de que los picores de ojos, estornudos y moqueos coinciden con la presencia en el aire y en el suelo de las semillas algodonosas de los árboles, algo muy visible, mientras que los pólenes de las gramíneas, causante de todos sus males, son tan pequeños que son invisibles a simple vista.

Fuera de la masa forestal, en terrenos abiertos, esteparios, áridos o en zonas dominadas por cultivos agrícolas, todos habremos visto más de una vez alguna planta rodante. La barrilla, correcaminos o churumisco (*Salsola kali*) —la planta más famosa de las películas del Oeste, que nunca dejan de rodar y rodar— y el cardo corredor (*Eryngium campestre*), plantas anuales, arrastradas por el viento, se amontonan en cunetas, en vallados o en lindes de cultivos. Estas hierbas, denominadas estepicursoras por su forma de diseminar a su futura prole, han encontrado una manera original de trasladar a su progenie, como si de plantas del desierto se tratasen: una vez que las semillas están formadas la parte aérea de las plantas se desprende de la raíz, y el viento hace que giren y volteen sin parar, libremente, al azar, soltando en cada salto una pequeña carga de semillas.

Una ardilla roja euroasiática (*Sciurus vulgaris*) con una nuez [A. Slope].

DISPERSIÓN A TODA MARCHA

Ya hemos visto la dispersión de semillas a través del viento, pero muchas otras veces —en el caso de frutos pesados— son los animales quienes se encargan de transportar a los gérmenes de las futuras plantas a lugares desconocidos. En el caso de frutos carnosos —conjunto de semillas envueltas por partes comestibles— la pulpa tiene una doble misión: proteger a las semillas situadas en su interior hasta la maduración y servir de premio a los animales que se encargarán de su transporte. Las aves o mamíferos frugívoros se encargan de tragarse todo junto, para después excretar o regurgitar las semillas en lugares alejados. Las semillas son transportadas en el interior del cuerpo sin ser dañadas y en condiciones adecuadas para su germinación; y no solo eso, en muchos casos el paso de las semillas por el tracto digestivo de los animales es lo que facilita que germinen. Además, cuando se excretan salen acompañadas de una buena dosis de fertilizante natural. Como casi todo, el conjunto de especies que dispersan sus semillas en el interior de ciertos animales también tienen su nombre técnico, y se las conoce como endozoócoras (endo = dentro; zoo = animal).

Los frutos cuando están maduros normalmente tienen colores vistosos —rojizos, violáceos…—, de manera que son fácilmente visibles por sus consumidores, incluso por las aves en vuelo. Antes de madurar pasan por el color verde. Por un lado, el verde se mimetiza entre las hojas, por lo que es más difícil de localizar por las aves y mamíferos, pero, además, los frutos verdes suelen ser tóxicos, lo que ya conocen sus experimentados consumidores. El fruto coloreará al mismo tiempo que maduran las semillas de su interior.

Algunos animales acumulan en despensas naturales los frutos y semillas para el futuro próximo —el invierno fundamentalmente—, para los momentos más duros que han de venir y en los que los alimentos escasearán. Hay veces que se olvidan del lugar de depósito y entonces tienen que marcharse de la zona por la presión de los predadores; otras veces mueren o son cazados antes de que puedan hacer uso de sus acopios. Muchas de estas semillas acabarán germinando en sus escondrijos.

Son las aves, por encima de cualquier otro grupo faunístico, los mayores dispersantes de semillas de frutos carnosos. Algunos pájaros, como la curruca capirotada o el petirrojo, se sabe que se alimentan de más de una veintena de frutos de diferentes especies.[59] En muchos casos, la frugivoría se produce durante el otoño y el invierno, teniendo una dieta insectívora durante la primavera y el verano. Muchos mamíferos carnívoros se comportan como frugívoros estacionales y, por lo tanto, como dispersantes, ya que durante determinadas épocas del año buena parte de su alimentación se basa en frutos. Entre estos últimos destacan el tejón, el zorro, la gineta, marta, la garduña...

En buena parte de los árboles y arbustos de frutos carnosos, la mayoría de la cosecha es consumida y desperdigada por la fauna que tienen asociada. Eso sí, la distribución posterior de sus semillas no se da por igual por todo el territorio inmediato. Existen lugares con gran acumulación de material genético, mientras que grandes manchas del territorio se encuentran libres de semillas defecadas o regurgitadas. Normalmente se concentra más cantidad en terrenos arbolados y cubiertos de vegetación leñosa que en terrenos abiertos, ya que los animales están más seguros bajo las copas de árboles y arbustos que a cielo abierto. Y, dentro de estos, se encuentran zonas sobresembradas, con una cantidad elevadísima de semillas: bajo dormideros, letrinas, posaderos... Aunque, por supuesto, hay muchas excepciones. Sucede, por ejemplo, que debajo de líneas o postes eléctricos y telefónicos puede haber una mayor regeneración de leñosas que en el entorno inmediato, debido a que son posaderos habituales para muchas aves. Los animales son querenciosos, como podemos apreciar en nosotros mismos.

De antemano parece de lógica que semillas redondeadas y gruesas, como castañas, avellanas o bellotas, rueden al caer en suelos en pendiente y germinen ladera abajo de sus madres. La lluvia, el pisoteo y el deslizamiento de piedras y del propio suelo son factores que ayudarán a esas simientes a deslizarse hacia abajo. Pero se demuestra que en determinados casos lo que sucede es lo contrario, que hay más descendientes generados a partir de semilla por encima de la curva de nivel en la que se encuentran las madres. En el hayedo de Montejo, en la sierra de Madrid, en laderas con un 10% de pendiente, comprobaron que en torno a un 90% de las plantas de roble albar y de melojo se sitúan a mayor altitud que sus madres. Seguramente ello obedezca a que, bien en la copa del árbol o bien en el suelo, ciertas aves y roedores recogen bellotas para almacenarlas o transportarlas a un comedero más seguro. Unas veces el preciado tesoro se pierde en el viaje, otras veces los animales no localizan su escondrijo alimenticio, a veces acumulan más de las que pueden consumir y también sucede que mueren tras haber acopiado y antes de echar mano del almacén, de manera que algunas bellotas acaban asentándose en el terreno y germinando.[53]

Los bosques del género *Quercus,* con centenares de especies extendidas por Europa, Asia y Norteamérica, son productores de ingentes cantidades de cosechas de bellotas. Si son importantes en todas sus áreas de distribución lo son especialmente en México, donde a las diferentes especies se les suele conocer con el nombre encinos, pues más de un centenar de ellas tapizan una buena parte de su territorio. Encinos, encinas, robles, quejigos, alcornoques y coscojas producen unos frutos gordos y de elevado valor nutritivo: un manjar otoñal. Mucha fauna los come, entre ella los grandes herbívoros como el ciervo, el jabalí, el corzo, el gamo... Estos anteriores, y otros bichos más pequeños como algunos escarabajos, comen o infestan las bellotas, pero no ayudan a su distribución. Sin embargo, las especies acumuladoras, las que ocultan, guardan y almacenan para el futuro, son dispersadoras, pues no solo las comen, sino que, involuntariamente, ayudan a diseminar las bellotas. Aunque depende de las especies vegetales y del hábitat, en el *top* de las que reparten bellotas por doquier están el arrendajo y la urraca entre las aves, y los ratones de campo y moruno entre los mamíferos. Acumulan y acumulan con fruición, sin parar, las aves durante el día y los ratones durante la noche, como si de

Frutos del lentisco (*Pistacia lentiscus*) (Silicia, Italia) [Lidia Longobardi].

un trabajo en cadena se tratase. Pero hay más: carbonero común, trepador azul, paloma torcaz, tórtola, mirlo común, zorzales, oropéndola, ardilla, zorro, tejón...

Algunas veces los frutos se desplazan no en el interior de los animales, sino adheridos a piel, plumas, pezuñas o garras, como si de pequeñas mochilas se tratasen. Hay frutos o semillas que han desarrollado mecanismos capaces de engancharse al primero que pase, cual garrapata, incluso a las botas o los pantalones de cualquier excursionista, para desprenderse azarosamente en el lugar más inesperado. Por estas características, a algunas de estas plantas se las conoce popularmente como arrancamoños o como autoestopistas; y más técnicamente, epizoócoras (epi = sobre, encima; zoo = animal).

Otras veces la diseminación de las semillas obedece a una dispersión activa por parte de la planta, sin necesidad de tener ayuda de nada ni de nadie, ya que ciertas especies han desarrollado mecanismos para que sus frutos eyecten violentamente sus contenidos, llegando, en algunos casos, hasta varios metros de distancia de la planta madre. Estos frutos explosivos se abren súbitamente y lanzan sus semillas fuera de la planta nodriza. Los tejidos del fruto al madurar se van deshidratando y terminan por secarse debido al aumento de las temperaturas y a la sequedad ambiental. Con esta pérdida de humedad las estructuras internas de los frutos acaban arqueando o tensionando, disparando las semillas hacia el exterior. El boj o las aulagas son claros ejemplos, pero hay algunas herbáceas muy famosas que lanzan los proyectiles a varios metros de longitud, como el pepinillo del diablo, el acanto o la adormidera.[60]

DE LO MUCHO Y DE LO POCO

A partir de la fecundación el ovario de la flor sufre una sorprendente transformación: se convierte en fruto que aloja las semillas en su interior. Según sea la parte exterior del fruto que envuelve y protege las semillas —pericarpio—, los

Breva, infrutescencia de la higuera (*Ficus carica*) (Níjar. Almería, España).

frutos pueden ser secos, con la envoltura dura, formada por células muertas, leñosa y no comestible (bellota, avellana, almendra, legumbres) o pueden ser carnosos, con las células que se mantienen vivas, con la envoltura blanda y, en muchos casos, comestible (endrina, cereza, aceituna, almecina, manzana).

Los frutos carnosos, que normalmente tienen coloración vistosa, parece que han evolucionado así porque se han fiado de los animales como los mejores aliados para su diseminación, para alejarse de las plantas madre y para conquistar nuevos territorios para la especie. Con frecuencia permanecen en las ramas aun después de la caída de las hojas, reforzando ese efecto de atracción para la fauna frugívora. Un fruto con una envoltura blanda siempre es apetecible para consumir. Muchas aves y mamíferos ingieren los frutos completos, digieren las partes suculentas y expulsan las semillas intactas mezcladas con las heces o regurgitadas. ¡Ya están listas para germinar! Basta asomarse a algunos excrementos: las cacas purpúreas de los mirlos, que se han puesto morados de frutillos de saúco; o las deyecciones entre anaranjados y azulados de los zorros, con las cubiertas de los frutos de los enebros.

Otra característica que los diferencia es el número de semillas que contienen en su interior. Los hay con una sola semilla —frutos monospermos—, como la nuez, la majoleta o la ciruela, y los que encierran muchas semillas —polispermos—, como el gálbulo de los enebros, el cinorrodón de los rosales o la sandía.

Todo indica que las semillas grandes, que normalmente se originan en frutos monospermos (hay excepciones como las castañas o los hayucos, que están dentro del fruto de dos en dos o de tres en tres), permiten a las plántulas sobrevivir durante más tiempo en la sombra del bosque, puesto que inician su andadura con una gran despensa de reservas alimenticias.

Los frutos que producen muchas semillas suelen ser propios de especies pioneras, es decir, de especies rústicas capaces de colonizar espacios despoblados. Con el esparcimiento de numerosas semillas, normalmente de pequeño tamaño, son capaces de dispersarse por un área relativamente grande, donde muchas de ellas podrán encontrar las condiciones adecuadas para la germinación inicial y el posterior desarrollo. La apertura brusca de los frutos y lanzamiento de las semillas, el viento, el agua de lluvia o el traslado y acúmulo por insectos pueden ser algunos de los sistemas que utilizan para expandirse como especie.

Por cierto, hay órganos que parecen frutos pero que en realidad no lo son. Las fructificaciones formadas por la agrupación de varios frutillos que proceden de varias flores, que se conocen como infrutescencias, parecen un solo fruto, pero en realidad están formadas por un buen número de ellos unidos entre sí. Realmente los auténticos frutos son lo que coloquialmente llamamos pepitas: moras, fresas, piñas tropicales, frambuesas, higos, granadas...

DE VEZ EN VEZ

Todo el mundo habrá escuchado, o apreciado, que hay árboles que unos años fructifican abundantemente y otros tienen una cosecha raquítica. Alternan la opulencia con la escasez, hecho que se sucede periódicamente, en ciclos de dos, tres, cuatro o más años. La vecería, que así se llama a esta alternancia reproductiva, se produce por la conjunción de factores internos de cada especie —genéticos— y por factores externos. De estos últimos el que más influye es la variación interanual de las precipitaciones, pero también interviene la densidad del arbolado, la orientación, la calidad del suelo, las heladas o la afección de enfermedades, plagas y predadores.

Encinas, robles, hayas, castaños o abetos son algunas de las especies forestales veceras más conocidas. En el ámbito agrícola destacan algunas como el olivo o el nogal. En cualquier caso, y tras estudiar 200 especies diferentes de todo el mundo, se ha comprobado que las especies con menor concentración de nitrógeno y fósforo en sus hojas son las más proclives a ser veceras.[61]

Los árboles veceros fructifican masivamente tras años de acumular los recursos y nutrientes necesarios para reproducirse. La alternancia reproductiva podría suponer una desventaja en términos evolutivos, ya que invertir todos los esfuerzos en unos años concretos de semillado masivo es una apuesta arriesgada.[61] Los años de cosecha copiosa de una especie en un lugar determinado no afecta por igual a todos los ejemplares, al igual que los años de reproducción no suceden con una periodicidad exacta. En dehesas de encinas se ha comprobado que los años de altas productividades y los de bajas productividades predominan sobre los de productividades intermedias. O mucho o nada, no hay término medio. Además, dos tercios de los árboles están en sincronía, es decir, que fructifican o no al mismo tiempo, los mismos años, mientras que un tercio de ellos no llevan en mismo ritmo que la mayoría, son versos libres.[62]

La mayor parte de los árboles frutales son veceros, sin embargo, aplicando determinados tratamientos culturales (riego, poda, fertilización, tratamientos fitosanitarios...), somos capaces de minimizar la vecería y conseguir cosechas relativamente homogéneas cada una de las temporadas. Algo prácticamente imposible en el mundo forestal, si tenemos en cuenta que en la península ibérica, por ejemplo, la superficie forestal es algo más del 50% del territorio, y dentro de esta aproximadamente la mitad está arbolada. Si bien con operaciones como las podas, el aclareo o el pastoreo también se puede influir en el patrón de fructificación, como se ha comprobado al intensificar el pastoreo en una dehesa, que al mejorar la fertilidad del suelo provoca mayores producciones de bellota, potenciando un comportamiento bienal en aquellas encinas situadas en ambientes más fértiles.[63]

En los olivos se ha comprobado que los frutos en desarrollo, a través de sus hormonas y las sustancias que intervienen en su crecimiento —giberelinas—, actúan como inhibidores de la diferenciación de yemas, por lo que, tras un año de abundante cosecha, muchas de las yemas o bien permanecen en estado latente o bien brotan como vegetativas y se transforman en madera o el árbol genera pocas yemas florales.[64]

Aceitunas maduras (*Olea europaea europaea*) (Manzaneque. Toledo, España).

Las especies opuestas a las veceras, es decir, las que fructifican todos los años más o menos por igual, se denominan cadañegas, y entre ellas también tenemos algunas muy conocidas como el aliso, el pino carrasco y resinero o el madroño.

FRUTALIZACIÓN DEL BOSQUE MEDITERRÁNEO

A lo largo de la historia, la base del sustento de las diferentes sociedades agrícolas han sido los cultivos herbáceos anuales, fundamentalmente los cereales y las leguminosas. Sin embargo, algunos cultivos leñosos como olivos, vides, manzanos, perales, cerezos, palmeras, almendros, avellanos o nogales, entre otros, han contribuido a enriquecer y complementar los sistemas agrícolas a lo largo del tiempo; de hecho, especies como la vid o el olivo han representado, en determinadas zonas climáticas como la mediterránea, cultivos básicos para muchas sociedades.[65]

Además de las anteriores, hay otras especies arbóreas o arbustivas de origen silvestre que han recibido tratamientos culturales como la poda, el abonado, el injerto o la selección de semilla, con la finalidad de obtener la mayor cantidad y calidad posible de frutos. Este proceso ancestral de transformación de la superficie boscosa, especialmente reconocible en el monte mediterráneo, es lo que se conoce como *frutalización*. Es un manejo selectivo de siglos que ha dado lugar a una cierta domesticación forestal.[43] A este tipo de especies se les denomina manejadas, pues no son estrictamente silvestres, ni cultivadas. Entre ellas podemos encontrar a los algarrobos, los castaños, los acebuches y, por supuesto, las encinas. Estas especies son espontáneas y no necesitan, de antemano, el concurso del ser humano para su extensión, pero que en la península ibérica presentan una pauta de distribución y una selección de ejemplares derivados del uso y manejo que las personas han llevado a cabo permanentemente. A veces también es posible referirse a este monte manejado, por la forma que adoptan sus componentes, como la *olivación* del monte mediterráneo, refiriéndose a este carácter tan peculiar de los olivos cultivados: troncos cortos, para llegar fácilmente a las ramas, y copa amplia y globosa, para intentar que lleven la mayor fructificación posible.

El hombre ancestral ya inició una labor selectiva, que se ha traducido a lo largo de los siglos en grandes diferencias entre los frutos de los ejemplares silvestres y de los ejemplares mejorados; de hecho, hay autores que indican que ya en contextos neolíticos la bellota se cultivó, en el sentido de que se limpiaron pastos, se podaron encinas y se recogieron sus frutos sistemáticamente, convirtiéndose en un suministro regular que era objeto de almacenaje.[66]

El ser humano a lo largo de la historia ha seleccionado y ha beneficiado a los ejemplares de encina portadores de más bellotas, de mayor tamaño y más dulces, tanto para montanera o consumo animal como para consumo humano (glandicultura). Esta selección se hacía por un lado manteniendo los ejemplares seleccionados, en detrimento de otros que se eliminaban por necesidades del momento (puesta en cultivo del terreno, carboneo, maderas...), y por otro lado mediante

Dehesa mixta de encinas y alcornoques (*Quercus ilex ballota / Quercus suber*) (Velada. Toledo, España).

la siembra de las bellotas de los mejores árboles productores de fruto. En muchas zonas de la península ibérica los bosques originales fueron aclarándose, quedando los ejemplares preferidos, para conformar lo que denominamos dehesas (*montados* en Portugal). Así, convive perfectamente el estrato arbóreo, dominado por las especies del género *Quercus* con un estrato herbáceo destinado fundamentalmente a pastos o a cultivos agrícolas.

Esto anterior podría explicar por qué el área por donde se extiende la dehesa coincide básicamente con la distribución de las formas de encina que en su mayoría producen bellotas dulces.[67]

Un ejemplo ilustrativo del tratamiento de la encina como frutal es la utilización de los injertos como sistema de mejora. Durante la primera mitad del siglo pasado fue una práctica que se llevó a cabo en ciertas partes de España. Lo que se hacía era injertar ramas de encinas adultas, de la misma manera que cualquier fruticultor injerta pies adultos de frutales con variedades que considera que le van a ser más rentables. Encinas con poca producción media de bellotas, o con bellotas amargas o poco estimadas, eran injertadas con material vegetal de encinas *castizas*, productoras de bellotas selectas. Como la historia casi siempre va y viene, esta actividad también ha resurgido en los años iniciales del siglo XXI, principalmente para hacer plantaciones más o menos intensivas de árboles injertados, para intentar asegurar una cosecha abundante y concentrada de bellotas capaz de mantener un buen número de cabezas de ganado de cerdo ibérico, un manjar reconocido en el mundo entero.

Por último, es interesante destacar lo que decía Rindos, uno de los estudiosos de los orígenes de la agricultura, refiriéndose a la relación entre el ser humano y las plantas. Afirmaba que las bellotas se han usado por igual como fuente principal y alternativa de alimento en muchas culturas de todo el mundo, posiblemente en todas las regiones donde se halla presente. Para concluir que «en muchos aspectos, la encina parece ideal para formar uno de los cultivos básicos de una civilización agrícola».[68]

Hojas de jara blanca, cubiertas totalmente de tomento blanquecino
(*Cistus albidus*) (Aldeadávila de la Ribera. Salamanca, España).

Adaptaciones, comportamiento y supervivencia

«Las plantas encarnan un modelo mucho más resistente y moderno que el animal; son la representación viviente de cómo la solidez y la flexibilidad pueden conjugarse. Su construcción modular es la quintaesencia de la modernidad: una arquitectura colaborativa, distribuida, sin centros de mando, capaz de resistir sin problemas a sucesos catastróficos sin perder la funcionalidad y con capacidad para adaptarse a gran velocidad a cambios ambientales drásticos». STEFANO MANCUSO

INGENIOS ANTISEQUÍA

Las plantas no se pueden aislar con una cubierta hermética que les impida evaporar agua. La respiración y la fotosíntesis son funciones indispensables para la vida vegetal, lo que les obliga a abrir los estomas, los poros que comunican el interior de las hojas con el medio exterior, por donde pierden la mayor parte del agua que absorben a través de las raíces.

También pierden agua por las cutículas de las hojas, esa capa cerosa externa que actúa de barrera permanente, aunque no sea del todo impermeable. Las plantas de sombra o de climas húmedos pueden llegar a perder por transpiración cuticular hasta un 30% del total de la transpiración, mientras que en especies adaptadas a la sequía, como la encina, esta pérdida supone únicamente en torno a un tres por ciento.[1]

Las estrategias que siguen las plantas mediterráneas para combatir el estrés hídrico —la falta de agua— dependen de dos tipos de ciclos: por un lado, el ciclo diario, durante el cual en condiciones normales la evaporación sería máxima en torno al mediodía solar —es aquí cuando funciona especialmente la regulación de apertura y cierre de estomas—; por otro lado, un ciclo anual, durante el que la sequía estival marca las adaptaciones de los vegetales. Las plantas en condiciones de privación de agua no son capaces de regular su temperatura mediante transpiración, por lo que, en general, las especies adaptadas a la sequía también lo suelen estar a las altas temperaturas.[1]

La falta o exceso de agua posiblemente sea el factor ambiental que más determine la estructura y anatomía de las plantas, el aspecto por el que las reconocemos. Igual que leyendo los anillos del tronco de los árboles podemos conocer parte de su historia, observando las características visibles de una planta, la anatomía, en muchos casos podemos distinguir aquellas especies de árboles adaptadas a crecer en ambientes escasos en agua, como suele suceder en todo el ámbito mediterráneo, de aquellas otras que viven en lugares más frescos y lluviosos. El conjunto de especies xerófitas, las que están adaptadas especialmente a la vida en un medio seco, tienen unas características anatómicas o estructurales observables a simple vista que les distinguen, en conjunto, de especies que crecen en medios más generosos en cuanto al agua se refiere. Estas soluciones se basan, generalmente, en reducir la exposición al sol de las superficies fotosintéticas, especialmente las hojas (encinas, acebuches, coscojas, retamas, espartos…).

En ciertas plantas leñosas las hojas se orientan masivamente en posición vertical, de forma que evitan una insolación máxima. En algunas especies de jaras, por ejemplo, la reducción a la exposición solar se produce especialmente al mediodía, cuando la radiación es máxima, la fotosíntesis está más limitada por la falta de agua y el riesgo de sobrecalentamiento es mayor. Para ello tienen la capacidad de modificar en horas el ángulo foliar, colocándose de forma que la insolación recibida sea mínima. Sin embargo, en momento sin estrés hídrico no tienen necesidad de realizar estos movimientos.

Las plantas no suelen tener una única adaptación, sino que combinan una serie de ellas para ser mucho más eficientes en la economía del agua. En general se basan en tres grandes aspectos: reducción de la superficie foliar para disminuir la transpiración, aumento de la profundidad de las raíces y regulación de la actividad de los estomas; mecanismos a su vez relacionados entre sí. Veamos algunos de estos caracteres de adaptación.

Los árboles y arbustos mediterráneos, así como los de zonas áridas y semiáridas, se caracterizan, en general, por un tamaño reducido de los brotes, lo que provoca un aparente enanismo, más apreciable si lo comparamos con otros ambientes más húmedos. También presentan internudos cortos, de manera que, al estar relativamente juntas, las hojas de un brote y del siguiente provocan que se autosombreen. En estos ámbitos climáticos, excepto en zonas influenciadas por cursos de agua, es prácticamente imposible encontrar bosque de frondosas con alturas significativas, pues suelen ser, salvo honrosas excepciones, manchas de pequeño porte.

Las hojas de los árboles de ecosistemas mediterráneos suelen ser pequeñas, gruesas y coriáceas —duras, resistentes a la fractura—. Suelen corresponder con hojas longevas, de plantas perennifolias. Son hojas, al igual que las especies que las portan, conocidas con el nombre de esclerófilas. Las hojas gruesas se deben al engrosamiento de la cutícula, capa impermeable que recubre la superficie externa de las hojas —excepto en los estomas—, lo que reduce el riesgo de que se abran fisuras que permitan la pérdida incontrolada del agua.[69] Estas características del follaje que permiten a las plantas defenderse de los periodos secos normalmente también son utilizadas para la adaptación a los fríos invernales.

Hay plantas que renuncian a las hojas para lograr una mejor y más eficiente economía del agua. Sus funciones vitales son cubiertas por otros órganos, como las ramas, que son las que adquieren la capacidad fotosintética de la planta, tal y como sucede en las retamas. En las especies mediterráneas la pérdida de hojas durante la estación desfavorable también es una de las técnicas para minimizar la superficie total fotosintética, se desprenden a lo largo del verano incluso de más de la mitad del follaje: si atravesamos un jaral al final del verano veremos los tallos semidesnudos y el suelo totalmente cubierto de hojas.

El color blanquecino de las hojas, y de plantas enteras actúa como las fachadas enjalbegadas de muchas casas de Andalucía o de La Mancha: reflejan parte de los rayos solares, que si no serían absorbidos y convertidos en calor, reduciendo así la temperatura y la transpiración. Ese blanqueamiento se suele deber a una densa capa de pelos, que ayuda a aislar a las hojas de su entorno inmediato y a mantener el agua transpirada retenida junto a los estomas, lo que crea un ambiente húmedo, por lo que la transpiración se disminuye. Igual que sucede cuando tendemos la ropa en la terraza en días con niebla, que la pérdida de agua del textil se retarda enormemente, ese *fieltro* las protege de la desecación, hace que disminuyan las corrientes de aire en torno a la superficie de la hoja e incluso sirve para condensar el rocío. Lo normal es que la capa pelosa se encuentre en el envés únicamente, como en la encina o el olivo, aunque en determinadas especies el tomento cubre ambas caras de las hojas. Esto último sucede más cuanto más árido es el lugar. A su vez estas ventajas se ven contrariadas, debido a que al mismo tiempo esa película pelosa, normalmente blanquecina, le hace perder eficacia en la captura de la luz, es decir, en potencial fotosintético y, por lo tanto, en crecimiento y desarrollo de la planta. ¡No todas son alegrías en la casa del pobre!

La salida de agua hacia la atmósfera depende en gran medida, además de los factores ambientales, del grado de apertura y cierre de los estomas. A su vez, en la apertura/cierre de los estomas influyen factores externos como la radiación solar, humedad ambiental y la disponibilidad de agua en el suelo. Igualmente afectan otros factores internos como la edad, la concentración del CO_2 en la hoja, la situación de la hoja en zona más o menos soleada, etc. En los momentos de sequía los estomas se abren al amanecer para irse cerrando paulatinamente hasta el anochecer, aprovechando especialmente las primeras horas del día con más humedad ambiental y menos insolación. Sin embargo, cuando se encuentran en situación de abundancia de agua se abren al amanecer y permanecen totalmente abiertos hasta que llega la noche. En las especies mediterráneas durante el mediodía suele haber un cierre estomático pronunciado, debido a que en esos momentos la demanda climática es máxima y deben limitar las pérdidas de agua.

En el caso de árboles propios de áreas más lluviosas, como el haya o los robles, cuando detectan falta de humedad en el suelo y en el aire también responden cerrando los estomas. En las especies xéricas, las adaptadas a vivir en un medio seco, los estomas suelen ser pequeños y muy numerosos, lo que facilita el control de la pérdida de agua por las hojas.[70]

Hay estomas que se protegen al situarse en el fondo de las rugosidades de las hojas, como sucede en los *Phlomis* (orejas de liebre, matagallos...). En otros casos, como en las adelfas o baladres, los estomas están encerrados en depresiones o criptas estomáticas. Los estomas hundidos en cavidades por debajo del nivel de la superficie de la epidermis se encuentran más ocultos a las turbulencias atmosféricas, por lo que reducen la transpiración. Además, en esas invaginaciones el aire es más fresco y húmedo que el de la atmósfera durante el verano, lo que reduce la tasa de transpiración. En una estrategia similar, las hojas con los bordes plegados tienden a estar enrolladas, para conseguir un microclima favorable, más húmedo en torno a sus estomas, que hace que la planta tenga menos necesidad de transpirar, como es el caso del esparto.

A su vez, tampoco todas las hojas dentro de un mismo árbol tienen el mismo tamaño. Las hojas más próximas a la base del tallo son más grandes, verdes, estiradas y lustrosas que las que se desarrollan en las partes superiores de la planta. Por un lado, las más bajas tienen la oportunidad de aprovechar mejor el agua que asciende por las raíces y están sombreadas en parte por las ramas que crecen por encima, y

Jara pringosa (*Cistus ladanifer*) (Cadalso de los Vidrios.
Madrid, España) [José Ramiro Laguna].

al mismo tiempo las de arriba están más expuestas al viento y la insolación. Sucede también que en las plantas leñosas las hojas que se desarrollan en las yemas formadas en condiciones de sequedad son xeroplásticas, adaptadas a la sequía, independientemente de que su desarrollo se lleve a cabo en épocas húmedas.[32]

La secreción de aceites esenciales crea una película alrededor de las hojas que minimizan la evaporación del agua interior. Piensen qué sucede con el agua en dos situaciones semejantes: si llenamos dos vasos iguales de agua hasta la misma altura, uno lo dejamos tal cual y otro lo cubrimos con una película de aceite, ¿qué pasará con el agua en cada uno de los vasos una vez pasado el tiempo? Estos aceites, propios de las plantas aromáticas, también actúan como sistema de disipación de la energía durante los periodos en los que el crecimiento está limitado.[71]

Asimismo existen sustancias como el ládano, propio de las jaras pringosas, que es capaz de absorber la luz ultravioleta, y evita el sobrecalentamiento y el daño por radiaciones excesivas.

Las plantas crasas, suculentas, carnosas, para reducir la transpiración y administrar mejor la escasa agua al que tienen acceso, almacenan el agua en tejidos especiales, protegidos por paredes gruesas con sustancias impermeables.

Por su parte, las plantas propias de climas áridos o semiáridos poseen, en general, un mayor tamaño del sistema radical, así como una mayor profundidad de las raíces que las que vegetan en áreas más húmedas. Estas especies, como las retamas, las encinas o los algarrobos, entre otras muchas, pueden explorar más cantidad de terreno y a más profundidad, mejorando la absorción de agua. Por el contrario, las plantas de medios muy húmedos tienen las raíces más cortas y menos ramificadas que las xerófitas.

También se ha comprobado que, cuando el volumen de agua en el suelo se encuentra limitado, un aumento de la resistencia hidráulica de las raíces hace posible ahorrar agua durante los periodos húmedos para poder disponer de parte de ella en las siguientes épocas de carestía.[72] Esta resistencia

Hojas escuamiformes de sabina albar (*Juniperus thurifera*)
(Villanueva de Alcorón. Guadalajara, España).

determina la capacidad de transporte de agua, lo que afecta a las relaciones hídricas de la planta y a la eficiencia de absorción de agua y nutrientes.

Lo normal en el bosque mediterráneo es que la sequía vaya acompañada de insolación exagerada. Sin embargo, en montañas del interior peninsular, más frescas y húmedas, con especies más exigentes como los robles, los rebollos, las hayas, los arces, los acebos..., muchas veces las sequías estivales van acompañadas de falta de luz, lo que es un doble problema para los retoños. Las plántulas que crecen en estas condiciones también han de adoptar estrategias para superar estos periodos críticos: algunas tienen un ritmo de crecimiento lento, para minimizar recursos; otras reducen su tamaño, de manera que tienen menor superficie de transpiración; muchas desarrollan raíces largas y verticales, para intentar asegurar un mínimo de agua de capas profundas; otras despliegan pocas hojas, que, además, son longevas, oscuras, duras, lo que les supone un bajo coste de mantenimiento; y las más conjugan todos o varios de los factores citados.

Finalmente, hay que tener en cuenta que, cuando las plantas se aproximan a la madurez, suelen perder algo la sensibilidad a la sequía que caracteriza a las plántulas.

CALOR Y FRÍO, DOS EN UNO

Los cambios de temperatura repentinos son más nocivos para las plantas que esos mismos cambios cuando son más lentos y paulatinos. Las células necesitan un periodo de tiempo para adaptarse a los nuevos fríos o a los nuevos calores, precisan de un periodo transitorio que prepare a los tejidos vegetales para lo que va a venir. En las regiones templadas, donde existe un contraste acusado entre las diferentes estaciones, la maquinaria vegetal está adaptada y funciona perfectamente en cada momento del año pero, eso sí, no es instantánea.

Para protegerse de las bajas temperaturas los árboles se arman de diferentes estrategias. Unas son internas y otras

Hojas aciculares de enebro marítimo (*Juniperus oxycedrus macrocarpa*) (Parque Nacional de Doñana. Huelva, España).

externas, algunas estacionales y otras permanentes... Ante la adversidad hay que desplegar todo tipo de tácticas.

El acortamiento paulatino de las horas de luz solar y, en menor medida, el enfriamiento progresivo del ambiente, van preparando al árbol para la próxima llegada de fríos y heladas intensas. Durante este periodo previo al invierno, el contenido de agua libre en el interior del vegetal disminuye, de forma que existe poca disponible para la formación de los destructores cristales de hielo. Esto se produce gracias al aumento de la permeabilidad de las paredes de las células, de manera que sale agua pura de los órganos aéreos mientras aumentan proporcionalmente azúcares, proteínas y ácidos, de forma que esta especie de anticongelante vegetal, líquido espeso, hace que disminuya el punto de congelación de la savia muy por debajo de los 0 °C.[32]

Al mismo tiempo que sucede lo anterior, los espacios intercelulares se han llenado de un destilado extremadamente puro del agua de las células, tanto que no contiene átomos sueltos sobre los que crecer núcleos de hielo. Hay que recordar que los cristales de hielo siempre se forman a partir de algún punto, alguna anormalidad química, sobre la que crecer y cristalizar. Esta agua pura, libre de esos puntos, es capaz de bajar decenas de grados sin que se produzca la congelación, manteniéndose en forma líquida.[9]

Otra de las pericias que han desarrollado los árboles para evitar daños mayores con la llegada de las temperaturas gélidas es el desprenderse de su follaje: ¡muerto el perro se acabó la rabia! Mientras, los perennifolios aguantan con esas hojas tipo agujas o con hojas duras con una gruesa cutícula.

El tomento denso de pelos que tienen algunas plantas, como si de un abrigo se tratase, puede ayudar a resistir temperaturas frías durante un periodo relativamente largo sin que en el interior de los tejidos se forme hielo.

Una planta, por lo demás, no tiene la misma resistencia al frío en las diferentes etapas de su ciclo de vida: mientras que las semillas suelen ser muy resistentes, las plantas jóvenes suelen ser muy sensibles y las adultas algo más resistentes que estas. También hay que tener en cuenta que una

Capa de corcho que ha quedado tras el último descorche
(*Quercus suber*) (Coruche. Portugal).

planta puede soportar una temperatura extrema durante un periodo breve, pero, si ese mismo evento extraordinario sucede a lo largo de un periodo más largo, puede ser problemático e incluso mortal.

En zonas templadas como las penínsulas ibérica, itálica y balcánica, con flora eurosiberiana y mediterránea, los árboles no solo se tienen que proteger del frío, sino también del calor, ¡tienen doble armario, de invierno y de verano! Suele suceder que las resistencias a sequías o heladas también aumentan las resistencias a daños causados por excesivo calor.[32]

En resumen, la pequeñez y delgadez de las hojas en coníferas y en especies mediterráneas, junto con una elevada tasa de transpiración, evita que las hojas se sobrecalienten más de cinco grados por encima de la temperatura del aire. La orientación vertical de las hojas reduce la temperatura de los tejidos varios grados respecto a las hojas que forman ángulos más o menos rectos con los rayos solares. El color blanquecino de la superficie de las hojas y tallos disminuye la absorción de calor por la planta. Las cortezas gruesas aíslan el cámbium. Las vellosidades que protegen las hojas, unas veces por el envés y otras por las dos caras, evitan, en parte, la transpiración y mantienen más frescas su superficie. Etcétera, etcétera.

SOBREVIVIR AL FUEGO

Fuego y Mediterráneo son nombres que van ligados desde el Pleistoceno. La vegetación que ha llegado hasta la aparición del ser humano parece que se debe en buena parte —aunque existen otros factores— a la existencia periódica de fuegos que han azotado el territorio, los cuales se han encargado de seleccionar las especies y las comunidades vegetales.

Se ha comprobado que las comunidades vegetales de los ecosistemas mediterráneos tienen, en general, una alta resiliencia a los incendios forestales, es decir, tienen gran capacidad para volver a las condiciones anteriores a la alteración.

Renuevos de coscoja tras incendio (*Quercus coccifera*) (Rosas. Gerona, España).

Una de las principales características de las formaciones vegetales mediterráneas es la capacidad de regeneración tras el paso del fuego, bien mediante rebrotes o bien mediante la estimulación de la germinación; de hecho, se consideran dos grandes grupos de plantas en lo que respecta al comportamiento tras un incendio: especies rebrotadoras y especies germinadoras.

Las rebrotadoras son aquellas capaces de rebrotar (de raíces, de cepas o de rizomas) tras la pérdida completa o mayoritaria de su biomasa aérea. Tienen esta capacidad gracias a la existencia de yemas latentes, que no brotarían nunca si no fuese por ocurrencias dramáticas como estas. A veces, las yemas están protegidas por cortezas gruesas, que impiden que las llamas y el calor lleguen al interior del tronco y ramas, como es el caso de prácticamente todos los *Quercus* mediterráneos, aunque el caso más espectacular es el alcornoque. Otras veces se encuentran en el engrosamiento que se genera en la zona del cuello —zona de unión entre las raíces y la parte aérea—, en muchas ocasiones situadas subterráneamente, como sucede en los madroños, los brezos o las encinas, en los que se almacenan nutrientes y carbohidratos, y en los que existen numerosas yemas durmientes. Tras el paso del fuego las yemas se activan y las reservas abastecen el crecimiento inicial de los rebrotes. En el cuello, pero sin ningún tipo de engrosamiento, se localizan en grupos de leguminosas como las genistas, los citisus... Y en otros casos los renuevos se producen en yemas de las raíces o rizomas, como suele suceder en las coscojas o los acebuches.

Además, estas plantas rebrotadoras suelen tener acumulación de sustancias de reserva, especialmente almidón, en las raíces o en engrosamientos, de las que tiran hasta que echan los nuevos brotes y empiezan de nuevo a realizar la fotosíntesis y, por lo tanto, a producir su propio alimento.

Las germinadoras son aquellas que no son capaces de rebrotar. Una vez que se queman mueren totalmente, sucumben ante el fuego. Existe una renovación total de individuos, ya que los que existían antes del fuego desaparecen, y se generan otros nuevos a partir de las semillas que germinan

Pinos piñoneros (*Pinus pinea*) (Parque Nacional de Doñana, Huelva, España).

tras la catástrofe. Son plantas a las que se las denomina *pirófitas* —amantes del fuego—. El fuego estimula la germinación de sus semillas, como sucede en las jaras. Las semillas estaban en el banco de semillas del suelo o en los frutos que permanecían en las partes aéreas. En este último caso los frutos se abren como consecuencia del paso del fuego —especies serótinas— y dispersan las semillas que permanecían intactas en el interior del fruto, como sucede con los pinos carrascos o los pinos resineros. Otros pinos con piñas no serótinas, como el pino piñonero, tienen piñones muy duros que pueden resistir a los incendios.

Según el comportamiento, rebrotador o germinador, se da la circunstancia de que la vegetación resultante tras el incendio variará. Permanecerán los mismos individuos, aunque renovados, cuando rebrotan; sin embargo, será una población totalmente nueva cuando proceden de semilla.

Uno de los campeones en la defensa contra el fuego es el alcornoque. Se viste de un traje ignífugo —el corcho— compuesto de suberina, lignina y otros elementos. El corcho es el ritidoma o corteza del alcornoque, y está formado por los vestigios de células muertas de la epidermis del árbol. La pared celular de estas células es muy dura, y permanece intacta tras la muerte de sus orgánulos interiores. Tiene unas propiedades magníficas e inigualables: muy ligero para el volumen que ocupa (el 88% de su volumen es aire), prácticamente impermeable, elástico (recupera el volumen inicial después de sufrir una deformación) y compresible (es el único cuerpo sólido que tiene la propiedad de ser comprimido sin dilatación lateral). Todas ellas hacen de él un material aislante único. Estas características son las que dotan al alcornoque de protección frente a la sequía, el calor, los animales, los incendios… Una capa de corcho de más de dos centímetros de espesor puede proteger a los árboles de los fuegos más intensos. Gracias a esta protección se considera al alcornoque como la única especie europea con capacidad de rebrote de tronco y de copa tras el paso de fuegos de copa intensos.[73]

Hojas de tilo quemadas por el sol veraniego (*Tilia platyphyllos*)
(Aranjuez. Madrid, España) [José González Granados].

DE SOL O DE SOMBRA

Cuando salimos habitualmente al campo y visitamos diferentes parajes en zonas geográficas distintas, aun no siendo muy entendidos, comprobamos que hay especies de árboles y arbustos que normalmente crecen a pleno sol y otras que suelen hacerlo a la sombra. También apreciamos que unas especies son propias de zonas más áridas y soleadas y otras se ciñen a lugares más húmedos o a franjas elevadas de los sistemas montañosos.

A las plantas que crecen mejor a plena exposición de luz solar y que son intolerantes a la sombra se las conoce como *heliófilas* (helios = sol). Por otro lado, aquellas plantas que crecen a la sombra, que se desarrollan perfectamente en lugares umbrosos o sombreados, se llaman *umbrófilas* o *esciófilas*. Por supuesto, en la naturaleza no todo suele ser blanco o negro, es decir, existen especies que son heliófilas pero que pueden crecer relativamente bien bajo la sombra; o al contrario. Bien es verdad que en esta relatividad hay que tener en cuenta que no es lo mismo el sol de verano del sureste de la península ibérica que el de la Selva Negra alemana.

Por lo anterior, cuando una especie de sol se planta a la sombra de otras, normalmente tiene un crecimiento escaso e irregular, y un estado decrépito que lleva, frecuentemente, a la muerte. De igual manera sucede que los árboles propios de zonas umbrosas, cuando se plantan a plena luz en zonas cálidas, se *queman* las hojas y, en muchos casos, incluso las ramillas y la corteza. Esto último es común verlo, por ejemplo, en los tilos plantados en la zona mediterránea, en los que la parte de la corteza orientada al mediodía está muerta y agrietada. Por el lado contrario hay ciertas especies totalmente intolerantes a la sombra: chopos, abedules, pinos...

En la evolución de los bosques, estos requerimientos de sol/sombra se aprecian con la sucesión vegetal, es decir, con la variación de sus componentes principales a lo largo del tiempo, a veces a lo largo de siglos. Por ejemplo, tras un incendio en ciertas partes del territorio europeo los primeros árboles que poblarán el terreno serán abedules, álamos, sauces..., especies pioneras que ocuparán rápidamente los espacios libres y soleados y que crecerán a un ritmo vertiginoso. En pocos años habrán creado jóvenes bosques y empezarán a diseminar sus semillas en busca de nuevos espacios deshabitados que ocupar. Mientras tanto, arces, hayas o abetos, entre otros, a su ritmo parsimonioso, crecerán lentamente aprovechando la sombra de los anteriores. Los pioneros crecen con mucha velocidad y, al mismo tiempo, también llegan a la senescencia y decaen con prontitud, con pocos decenios de años a sus espaldas. Los otros, que han aparecido más tarde y se han beneficiado de sus antecesores para iniciar su andadura, crecen poco a poco hasta alcanzar a sus predecesores, que ya han parado su crecimiento y se encuentran en momentos de decrepitud. Lentos, pero sin pausa, sombrean, combaten, agobian y derrotan sin tregua a los pioneros, que desaparecen por completo —a no ser en algunas calvas o márgenes del bosque— para dar paso a las especies más exigentes en nutrientes, en sombra inicial...

En el sotobosque, con sombra densa, se reduce el crecimiento de las plantas. Se quedan amagadas, aletargadas, estáticas, a la espera de que en algún momento se creen espacios de luz que les permitan estirarse, crecer y luchar por el lugar. Al desarrollarse menos, también emiten menos raíces, por lo que están menos preparadas para periodos de sequía. Una cubierta muy densa dificulta enormemente la regeneración, de manera que prácticamente la totalidad de nuevos plantones mueren. Se ha comprobado en montañas interiores que los robles necesitan que llegue al suelo al menos un 20% de la luz para que las nuevas plantas se puedan instalar con éxito.[53]

Cuando una planta está a la sombra de otras, sin espesura total, con ciertos resquicios en los que se vislumbra la luz solar, inicia un crecimiento desmesurado, rápido, una carrera de velocidad, con la intención de sobrepasar a sus rivales y llegar pronto a la luz. La ausencia de luz induce a un rápido estiramiento del tallo. Como todas las carreras de velocidad, hay que saber dimensionar bien sus fuerzas y no atacar demasiado pronto. Este crecimiento tan apresurado tiene un elevado costo energético, que le puede pasar factura si no llega con prontitud a una altura en la cual la luz esté más próxima y disponible. Del esfuerzo al colapso y a la muerte hay un estrecho margen. Estas plantas que crecen a la sombra y que suelen presentar un alargamiento del tallo han aumentado en altura pero no en anchura; sus hojas y ramillas sufren un proceso de recolocación para ocupar aquellos espacios con algo más de luminosidad; sus hojas son aplanadas y están orientadas formando ángulo recto con la trayectoria de los rayos solares, para aprovechar al máximo la energía lumínica; hojas de tamaño grande, de manera que tienen mayor superficie fotosintética; las hojas tienen el limbo más delgado, aplanado y oscuro...

Hay crecimientos exagerados que todos habremos visto alguna vez, crecimientos en longitud debidos a la falta de luz. Cuando en un vivero tienen los plantones muy densos, sin que la luz llegue al suelo, todos ellos crecerán ahilados, es decir, altos y delgados, derechos, con troncos carentes de ramas, débiles, incapaces de sostenerse por sí mismo cuando se les separa de los demás. Por otro lado, seguro que alguna vez hemos entrado en algún portal en el que las plantas de las macetas se dirigen hacia la luz como endemoniadas, con unos giros que parecen de contorsionista —igual que pasa con las macetas que tenemos en el interior de las casas cuando están alejadas de las ventanas o balcones—. Ambas situaciones tienen como protagonistas a las auxinas. Estas hormonas provocan, entre otras cosas, la elongación de las células y, por lo tanto, el crecimiento vegetal en longitud. Cuando hay falta de luz hay un crecimiento diferencial entre las zonas que están a la luz y a la sombra: las auxinas se concentran fundamentalmente en las partes de las plantas opuestas a la incidencia de la luz, por lo que esas zonas crecen más rápido que las que están iluminadas, de manera que se produce un doblamiento del tallo hacia la fuente de luz.

También poseen las especies de sombra unas diferencias funcionales con respecto a las heliófilas, si bien estos son aspectos que no se aprecian a simple vista: a la sombra se inhibe la germinación de las semillas, en espera de un

Hojas de tilo quemadas por el sol veraniego (*Tilia platyphyllos*)
Detalle (Aranjuez. Madrid, España) [José González Granados].

cambio favorable —la apertura de huecos— que facilite la llegada de más luz al suelo; las hojas poseen menos densidad de estomas; menor grado de respiración por unidad de superficie foliar; absorción de agua con mayor eficacia; mayor cantidad de clorofila total por unidad de superficie...

Todas esas diferencias no solo ocurren entre especies distintas, pues dentro de los individuos de una misma especie también hay factores que influyen en la variación del temperamento, es decir, de su tolerancia ante determinados grados de insolación. Diferencias que también se hallan en un mismo individuo: buena parte de los árboles planifolios presentan hojas de sol en la parte alta de las copas y hojas de sombra en las partes inferiores. Se puede comprobar cómo estas últimas son más grandes, más verdes, más flexibles, posicionadas en ángulo recto respecto a los rayos solares...

Según la jerga forestal, las especies de luz son las intolerantes y las de sombra las tolerantes, recordando que siempre hay situaciones intermedias: especies de media luz y de media sombra.

Más al norte, a mayor latitud, los ejemplares suelen ser más permisivos a la insolación: el pino silvestre en el norte de Europa vegeta a la perfección a pleno sol, mientras que en España es especie de media luz. Quiere esto decir, que según se acorta el periodo vegetativo, los individuos de la misma especie tienden a ser más intolerantes. Sin embargo, en la misma latitud también puede haber diferencias de tolerancia entre los componentes de la misma especie: a igual latitud y altitud, en una montaña, los pies de la ladera de umbría son más intolerantes que los situados en la ladera de la solana. También suele suceder que a igualdad de latitud, altitud y exposición, cuanto más fértil es la estación, más tolerantes son los individuos de una especie. Sin olvidar que con la edad los árboles tienen propensión a la intolerancia.

A pesar de todo lo anterior, lo que no se nos escapará a nadie es que al final todas las especies (tolerantes o intolerantes) cuando son adultas acaban a plena iluminación.

Hojas pinchudas de acebo (*Ilex aquifolium*) (Taramundi. Asturias, España).

A SALVO DE MORDISCOS

Las hojas de las plantas son, quizás, el manjar más codiciado del mundo. Miles, cientos de miles, millones de seres vivos sueñan con echar el diente a estos órganos vegetales. Su alimento y supervivencia dependen de ellas. Como las plantas no pueden echar a correr se las han ingeniado a lo largo de la evolución, con mil y un artilugios, para intentar protegerse de sus aprovechados enemigos.

En climas áridos, semiáridos o mediterráneos, con condiciones atmosféricas adversas y especialmente con una falta de agua secular, producir verde es un esfuerzo titánico para las plantas. Lo que consiguen con tanto tiempo y esfuerzo puede irse al traste con la aparición de los herbívoros. De un bocado puede desaparecer el crecimiento de meses y de un festín desaparecer toda la planta entera. Por ello, muchas de las especies que habitan en estas áreas han preparado una batería de respuestas ante tales agresiones: unas son exclusivamente de defensa ante el mordisqueo, pero otras son combinaciones de defensa utilizadas también ante la sequía.

La presencia de espinas de la que muchas especies hacen gala es una de las maneras más eficaces de las plantas para evitar que la boca del herbívoro arruine su crecimiento. La mayor o menor presencia de herbívoros llega a determinar la mayor o menor abundancia de espinas en algunas especies leñosas, pues se ha comprobado que aquellos ejemplares más recomidos y ramoneados acaban desarrollando mayor cantidad de púas que los de la misma especie que no tienen tanta afectación por sus comensales habituales.[74] En otras leñosas espinosas se ha podido apreciar que los individuos que poseen más cantidad de espinas son los que menos cantidad de frutos producen, de manera que se puede intuir el costo energético que supone la producción de espinas para la planta: todo lo que gasta en estar puntiaguda no lo puede invertir en otros procesos básicos para su crecimiento y reproducción.[75]

Pero no solo el dolor de un pinchazo es suficientemente explícito para que los posibles comensales se abstengan de intentar dar un bocado a la planta, sino que algunas veces esas espinas son como las flechas o dardos envenenados con los que algunos pueblos indígenas de todo el mundo cazan o guerrean. En ciertas ocasiones el aguijón vegetal, como sucede con los del majuelo o con la palmera datilera, es el hábitat ideal para la presencia de bacterias patógenas, que tras penetrar en el animal no solo producen un punzamiento muy doloroso, sino que provocan infecciones difíciles de olvidar para los osados que se hubiesen atrevido a desafiar al vegetal, llegando, incluso, a causar gangrena gaseosa, enfermedad potencialmente mortal para el animal.[76] Además, se ha comprobado que estas espinas toman unas coloraciones distintivas con respecto el resto de órganos de la planta, como una forma de aviso a los animales de su peligrosidad. ¡El que avisa no es traidor!, parecen decir.

La reacción ante la boca del animal u otra agresión externa se ha comprobado en la acacia de las tres espinas, una especie norteamericana muy común en el arbolado urbano de buena parte del mundo, convertida en cosmopolita, que se caracteriza por poseer una de las púas más potentes de los árboles que adornan pueblos y ciudades. De vez en cuando, en los lotes que proceden de viveros hay algún ejemplar inerme, sin espinas, para gran alegría de los jardineros responsables de su mantenimiento. Sin embargo, más de uno se ha llevado un gran chasco con ellos, ya que esa amabilidad que poseen inicialmente, rápidamente se pierde tras la poda. No distingue si es una tijera, una motosierra, un bocado... pero sí detecta una agresión externa ante el que reacciona emitiendo esas púas tan propias e identificativas de la especie.

Las plantas espinosas no siempre corresponden con aquellas que tienen púas, pues existen especies inermes que pinchan como las que más. No se debe a los aguijones que parten de las ramas, sino a los bordes de las hojas. Especies muy conocidas, como la encina o el acebo, tienen los bordes de las hojas pinchudas facultativas, es decir, en ocasiones son lisas y en ocasiones pinchudas. Ello depende de la necesidad de defensa que tengan. Normalmente las hojas de los ejemplares jóvenes y de las ramas bajas, las que están accesibles a los herbívoros, poseen bordes espinosos para protegerse de la boca del animal. En muchas ocasiones a esas matas que no son capaces de estirarse por el recomido continuo se dice que están *cabreadas*, pues poseen una gran espinosidad por el permanente ramoneo de las cabras —o de cualquier otro animal, pero el juego semántico se lo aporta el ganado caprino—. La planta atacada detecta la presencia de la agresión, pero no distingue si la produce un herbívoro o cualquier otro evento extraño. Es por ello que tras la poda o la fractura de ramas por viento, rayo, nieve..., los brotes que emite el árbol en esa zona son siempre pinchudos, se encuentre a la altura que se encuentre el daño. Esto será así durante varios años, hasta que la planta se percate de que ya no tiene nada que temer, que ahí no sufre ninguna agresión, y de nuevo saque todas las hojas con bordes lisos. Quizás por este motivo mucha gente piensa que las encinas pequeñas y recomidas, a las que muchas veces se las denomina carrascas, son una especie diferente de las encinas grandes, arbóreas y con hojas de margen liso.

Por eso las ramas de acebo que se han comercializado tradicionalmente para Navidad tienen esos bordes tan espinosos. Como se cortan cada dos o tres años, brotan fuertemente espinosas en años sucesivos, y este hecho se repite cíclicamente. Tanto es así que muchas personas tienen dificultad en reconocer un acebo que no haya sido agredido ni por la mano humana ni por la boca animal, pues todas sus hojas son lustrosas, rígidas, coriáceas, con forma ovalada y bordes lisos, aunque acabadas en una punta terminal punzante. Las que se consideran como las hojas típicas, con las que se suele representar a la especie, en realidad son las raras y las menos habituales en el conjunto del follaje.

Es normal, según lo anterior, ver encinas o acebos con la parte inferior con hojas defensivas y el resto de la copa con sus hojas lisas. Esa parte inferior llegará a la altura que alcancen los herbívoros reinantes en el lugar: si solo hay conejos, las hojas normales, sin pinchar, estarán a partir de medio metro; si son vacas, caballos o ciervos, estas aparecerán a

Espinas de zarza (*Rubus ulmifolius*) (Peñas de San Pedro. Albacete, España).

partir de los dos metros. Hay que recordar que esa reacción le supone al vegetal un coste energético añadido, y que todos los recursos extra que utiliza para crearse la coraza de protección foliar no los puede emplear en desarrollarse en plenitud y fructificar lo más abundantemente posible.

La ramificación intrincada, enmarañada y densa, en muchos casos generada en los árboles o arbustos recomidos durante años, también es una defensa ante la boca del herbívoro, de manera que este no llega al interior de la planta y permite, en muchos casos, que en el centro brote algún tallo que no esté accesible al animal y asegure el crecimiento y supervivencia del ejemplar.

En el sotobosque umbrío y húmedo de encinares, quejigares o rebollares, aunque a veces también se encuentran en zonas más abiertas y en grietas de rocas, aparece un subarbusto que se comporta de manera semejante a lo descrito en los párrafos anteriores, aunque se distingue por ser algo peculiar. El rusco posee cladodios o filóclados, que son tallos modificados con apariencia y funciones de hojas (fotosíntesis), que rematan su forma ovada con un ápice terminado en una espina dura y punzante, como arma defensiva infalible.

En el monte mediterráneo muchas plantas poseen aceites esenciales, como los terpenos, que entre otras funciones tienen la de la defensa ante los herbívoros. Estos compuestos orgánicos aromáticos y volátiles son los que dan el aroma y sabor a las plantas, y constituyen la mayor parte del aceite esencial producido por un buen número de especies aromáticas, pero, al mismo tiempo, también son sustancias amargas que repelen e intoxican a insectos y otros animales herbívoros.

Los pelos que muchas de las plantas de zonas áridas y semiáridas poseen convierten a las hojas en bocados ásperos e indigestos, poco apetecibles para el paladar animal. Dentro del reino animal no solo los grandes herbívoros pueden hacer daño a las plantas, pues los hay muy pequeños que actúan en hordas y que son capaces de defoliar a cualquier planta que se ponga por delante. Los insectos son, en muchos casos, bastante más dañinos que los cuadrúpe-

Racimos con bayas de saúco (*Sambucus nigra*) [Nastya Ofly].

dos, pues actúan en grupos muy numerosos y son capaces de llegar a cualquier brote o rama, por muy alejados que se encuentren del suelo. Los pelos vegetales —tricomas— unas veces están en ambas caras de las hojas y otras veces solo en el envés, dependiendo de la especie, sin olvidar que hay plantas que prácticamente tapizan todos sus órganos de pelillos. La superficie vegetal cubierta de tricomas dificulta el mordisqueo, ya que es una barrera física que impide o minimiza la alimentación, el movimiento de los invertebrados o la puesta de estos. Y, por si fuese poco, algunos vegetales han añadido sustancias irritantes a los pelos —a todos se nos viene a la cabeza el caso de las ortigas—, lo que les hace aún menos apetecibles para sus posibles consumidores.[51]

Quizás la mayor protección de la que se han dotado las plantas en su conjunto es la toxicidad de sus órganos, de manera que su ingesta produce el rechazo, la enfermedad o la muerte de cualquier animal —incluidos los humanos— que se haya atrevido a comérselas. En la naturaleza hay un sinfín de plantas tóxicas que han generado un variado elenco de sustancias nocivas para los animales: alcaloides, glucósidos, oxalatos, taninos, fitoestrógenos, etc. Saúco, adelfa, hiedra, tejo... son algunas de las más famosas de las que nos rodean, aunque algunas veces no es venenosa toda la planta sino alguna de sus partes. Los flavonoides que exudan las hojas de la jara pringosa, que actúan como aleloquímicos, también producen efectos negativos sobre los animales que los ingieren, por lo que hacen a esta especie más competitiva que otras que no sintetizan dichos compuestos.[77] Por su parte, la jarilla de hoja de salvia o jaguarzo morisco posee una elevada concentración de taninos que hacen indigeribles y tóxicas sus hojas. En alguna especie como el ailanto, los alcaloides impiden que los fitófagos coman sus hojas, y son tan fuertes que se han señalado problemas de dermatitis por contacto, dolor de estómago al beber de pozos con ailantos cerca, y que las vacas no coman hierba cerca de los brotes de este árbol de origen de origen chino e invasor en el sur de Europa, Australia o Estados Unidos.[78]

Ilustración del sauce boxeador de Harry Potter [Latypova Diana].

Los animales que comen estas plantas no siempre son los afectados, sino otros posteriores en la cadena. Hay especies de saltamontes y polillas que han desarrollado diversas estrategias para acumular en su cuerpo los alcaloides tóxicos de sus plantas nutricias, de manera que ellos utilizan esas mismas armas químicas para convertirse en tóxicos ante sus predadores.[79]

También hay ejemplares arbóreos concretos que utilizan todo tipo de argucias en la defensa de sus intereses, de manera que su aguerrida protección se ha hecho famosa en todo el mundo. Es el caso del sauce boxeador de Harry Potter, plantado en 1971 en los terrenos del colegio Hogwarts para disimular la entrada a un pasaje secreto que va a la Casa de los Gritos, en el pueblo de Hogsmeade. Este árbol mágico ataca a cualquier persona u objeto que ose acercarse a alguna de sus partes, ya que estas reaccionan violentamente y con agilidad. Eso sí, tenía un pequeño nudo en la base del tronco que al presionarlo se inmovilizaba, como si de un anestésico instantáneo se tratase. Tan famoso era que la profesora Pomona Sprout enseñó a sus alumnos de sexto año de Herbología cómo cuidar sauces boxeadores jóvenes.

FOTOPERIODO

En el ecuador tanto el día como la noche tienen la misma duración a lo largo del año; sin embargo, según aumenta la latitud esta duración va cambiando. Durante los equinoccios —el de primavera y el de otoño— la duración del día y de la noche es prácticamente igual. En el hemisferio norte a partir del equinoccio primaveral (el 20 o 21 de marzo) comienza la primavera y la duración del día va creciendo hasta el solsticio de verano, el día más largo del año (20 o 21 de junio). El equinoccio de otoño (22 o 23 de septiembre) es el momento de inicio de esta estación y el punto a partir del cual van decreciendo los días hasta el solsticio de invierno (20 a 22 de diciembre), que traerá la noche más larga, ya que el sol saldrá más tarde y se pondrá antes.

Cultivo en vivero de flor de pascua (*Euphorbia pulcherrima*) [Iakov Filimonov].

Es el fotoperiodo, las horas de luz disponibles cada día, es una fuente de información de las plantas, utilizado como un resorte que pone en marcha el control y la regulación de algunos de sus procesos vitales. Es el que fundamentalmente da la voz de aviso para que se inicie el proceso de endurecimiento para pasar el invierno, o el que indica al árbol cuándo debe echar yemas, brotar y crecer compulsivamente. El tiempo puede ser cambiante, puede haber periodos relativamente cálidos antes de finalizar el invierno, o enfriamiento brusco antes de acabar el verano, pero el ciclo de cambios en la luz es exactamente el mismo todos los años en cualquier lugar concreto del planeta. Un árbol puede confiar en el sol y en la rotación y traslación de la Tierra, pero lo que no puede es entregarse a los caprichos extemporáneos y cambiantes del tiempo atmosférico.

A finales de invierno o principios de primavera, con los primeros días cálidos, muchas de las especies arbóreas de zonas templadas no tienen por qué responder activando su sistema de brotación y crecimiento, pues las heladas tardías muy posiblemente harán su aparición. Son las horas de luz/oscuridad las que, fundamentalmente, activarán este mecanismo. Por lo mismo, la disminución de la actividad fisiológica y la preparación de las hojas para la caída es una reacción al acortamiento de los días; el descenso de temperaturas confirmará la continuación del proceso.

Las plantas evolucionan y se adaptan a la zona donde habitan, de manera que las poblaciones de una misma especie que viven en diferentes latitudes tienen un comportamiento diferente según el fotoperiodo reinante en cada lugar.

Por todo lo anterior, a veces sucede que, cuando plantamos arbustos lejos de su latitud nativa, aunque el cuidado y los mimos sean exquisitos, la longitud del día no es la adecuada, por lo que puede ocurrir que, o bien no florecen nunca, o bien florecen invariablemente demasiado pronto en primavera o demasiado tarde en otoño.[1]

Esta manipulación de la duración del día se utiliza en viverismo para conseguir que determinadas especies estén en su punto en determinadas fechas, como la flor de Pascua.

Alnus glutinosa [Coulanges].

REGENERANDO JUNTO AL AGUA

Junto a los ríos, arroyos, vaguadas, lagunas..., aparece una orla vegetal que crece al albur de la humedad más o menos permanente del suelo. A lo largo de los cursos fluviales, siempre y cuando el ser humano no influya negativamente, se suelen formar los conocidos como bosques de ribera o bosques en galería, alineaciones de árboles en las orillas de ambos lados que se extienden más o menos lejos del eje del agua, según la humedad existente y, sobre todo, según los usos que los humanos hayamos dado al territorio limítrofe. En algunos casos, esos bosques ocupan centenares de metros en perpendicular al curso del agua y en muchos otros están constituidos escasamente por una línea de árboles, pues el resto del terreno está cultivado o construido casi hasta el propio cauce.

Estos bosques riparios variarán según se diferencien los factores edáficos y climáticos reinantes, las características químicas y dinámicas del agua, y la temporalidad de esta. En tramos más o menos cortos de un curso fluvial, alguna de estas características puede cambiar radicalmente y, por ende, el bosque aluvial dominante.

Dependiendo del nivel de humedad tendremos unas u otras especies más o menos cerca del agua. En primera línea alisos, sauces, chopos, tarayes; detrás, más lejos del agua, fresnos, álamos blancos; un poco más lejos, olmos comunes. Esto suponiendo que siempre estuviesen todo este grupo de especies presente. Normalmente en las zonas mediterráneas los fresnos de hoja estrecha y los olmos suelen ser las comunidades de transición entre los bosques de galería y el monte mediterráneo. Y en ramblas o cursos muy estacionales, junto a los clásicos juncos o zarzas, podremos encontrar tarayes, adelfas o tamujas.

Además, no todos son igual de delicados o exquisitos a la hora de ocupar ciertas orillas. Los alisos, por ejemplo, que crecen espontáneos por casi toda Europa, necesitan márgenes de ríos y riberas con suelos fértiles, firmes y con orillas estables, fondos de valle o lugares inundados, pero siempre con una estructura del terreno inalterable, y sustratos silíceos y más o menos arcillosos. Donde hay aliseda da la sensación de bosque maduro, antiguo, inalterable, persistente... Su reproducción se lleva a cabo por medio de semillas, pues estas caen a terrenos estables, donde pueden germinar y enraizar sin demasiados contratiempos.

Los sauces, entre los que hay un sinnúmero de especies de árboles y arbustos, por el contrario, suelen ocupar orillas inestables, fácilmente erosionables, suelos aluviales y sustratos arenosos y pedregosos, periódicamente inundados y permanentemente modificados por la acción abrasiva del agua: avenidas, inundaciones, deslizamientos de laderas. Donde hay saucedas da la sensación de inestabilidad, de bosque joven... Poseen ramas flexibles y quebradizas, hojas estrechas y alargadas, de manera que se adaptan perfectamente a la corriente de las aguas. Se propagan fácilmente por esquejes (estaquillas) que enraízan sin problema y crecen muy rápido. Todos los años pierden una pequeña parte de sus ramas, bien porque se parten y desprenden de manera natural o bien porque se fracturan al encontrarse en el camino de crecidas bruscas de las aguas y los sedimentos arrastrados por ellas. Una vez depositados en las márgenes de los cursos fluviales, algunas de ellas enraízan y forman nuevos individuos. Así pues, es muy fácil encontrar dos ejemplares de las mismas características, dos clones, a kilómetros de distancia, uno de ellos mucho más viejo que el otro. Son característicos de los cursos altos de los ríos y zonas torrenciales, con láminas de agua bravuconas y erosión intensa.

Los fresnos se comportan de manera semejante a los alisos, aunque no necesariamente necesitan agua fluyente, no tienen por qué estar ligados a cursos de agua. Lo importante es que tengan humedad más o menos constante, ya sea en orillas o en vaguadas y depresiones, o en zonas con niveles freáticos superficiales. No hay que olvidar que es la especie característica de zonas frescas y húmedas de las dehesas, que sustituyen en esos terrenos encharcados a encinas, alcornoques, quejigos y otros parientes.

Los tarayes, arbolillos muy ramosos, tienen un comportamiento semejante a los sauces. Suelen encontrarse en bordes de cursos de agua y en depresiones húmedas y estacionalmente encharcadas de climas cálidos semiáridos o áridos. Son muy característicos de la orla perimetral de lagunas endorreicas, y especialmente en torno a lagunas salobres, pues son de las pocas especies leñosas capaces de aguantar suelos salinos. Por ello abundan en las plantaciones ornamentales de muchas de las localidades costeras.

No hay que olvidar las olmedas, hoy prácticamente desaparecidas por la enfermedad de la grafiosis. Formaban bosquetes monoespecíficos en las riberas, sobre fondos de valle y en suelos frescos y bien desarrollados. Se cultivaron con intensidad, de manera que era fácil verlos en los alrededores de las poblaciones, en torno a las albercas o en la plaza principal de los pueblos.

Todas estas especies ripícolas, las que viven en las cercanías del agua, componen formaciones vegetales muy distintas a las de su entorno, especialmente en las zonas de clima mediterráneo. Son caducifolias, cuando a su alrededor la práctica totalidad del arbolado es perennifolio. Muchas de las especies llegan a alcanzar grandes tallas (chopos, olmos, fresnos…), lo que contrasta con el monte más o menos achaparrado en derredor. La humedad del suelo hace, además, que el crecimiento de estas especies sea rápido. Se podrían considerar como bosques de tipo eurosiberiano, que penetran en la región mediterránea gracias a la humedad edáfica.

TEMPERATURA Y CUBIERTA VEGETAL

De siempre se ha oído, o hemos apreciado personalmente, que en sitios con buenas masas de árboles hace más fresco en verano que en aquellas despejadas o con arbolado disperso. La presencia de árboles tiene un impacto local en el clima, ya que estos modifican la temperatura al liberar agua hacia la atmósfera y absorben o reflejan los rayos solares. Las copas reducen el calentamiento del suelo por la incidencia de las radiaciones solares. Además, cuanto mayor sea la humedad del aire localizado bajo las copas, mayor será la cantidad de calor que se necesite para elevar su temperatura significati-

La protección de la sombra de un árbol permite cobijarse bajo él en verano (*Ulmus pumila*) (Plaza del Ayuntamiento. Toledo, España).

vamente. Por ello, los bosques disminuyen la temperatura máxima tanto del aire como del suelo.

En las zonas arboladas, al mismo tiempo, el contraste de temperaturas se minimiza. Hay que tener en cuenta que es la superficie terrestre y no la radiación solar directa la que calienta el aire que tiene sobre ella. La cobertura vegetal tiene mucha importancia en la pérdida de calor del suelo y el desigual comportamiento de las distintas superficies con relación a la reflexión de la luz solar. Al enfriarse el suelo durante la noche, la cubierta vegetal actúa como una manta protectora, suavizando el enfriamiento. Por la noche, en el bosque, la pérdida de energía calorífica por radiación es retardada por la cubierta vegetal —las copas de los árboles hacen una especie de efecto invernadero—, por lo que la temperatura del suelo y atmósfera inmediata no disminuye tanto como en espacios abiertos.

Por lo tanto, la temperatura en el interior de un bosque denso es mucho más estable que en su entorno desnudo. Bajo la cobertura de los árboles en verano se estará más fresco durante el día —durante las horas de más calor— y algo más cálido durante la noche; las temperaturas en las copas serán mayores a lo largo del día que en el interior del bosque. Y en el invierno ese manto protector hará que bajo su dosel se esté más cálido que a la intemperie.

La revisión de decenas de artículos relacionados con la temperatura en bosques y en el entorno inmediato, en zonas boreales, templadas y tropicales, reveló que las temperaturas medias fueron 2 °C más bajas dentro del bosque que fuera de él, y las máximas 4 °C menores dentro que fuera. Sin embargo, las temperaturas mínimas eran 1 °C más altas dentro del bosque que fuera de él. Quiere esto decir que los bosques pierden más calor con temperaturas altas y menos cuando hace más frío, o lo que es lo mismo, los bosques minimizan las variaciones térmicas de la atmósfera.[80] Queda claro que los bosques de todos los climas enfrían la atmósfera local en verano, algo muy de agradecer en las áreas con veranos tórridos y donde el fuego es motivo de preocupación.[81] Debido a lo anterior, en las zonas que sufren pérdida de masa forestal se produce una ampliación entre las temperaturas máximas y mínimas diarias, así como un aumento de la temperatura media y máxima del aire.

Esto mismo sucede en las ciudades. En verano las zonas arboladas presentan una temperatura superficial menor que las desprovistas de cubierta vegetal, no solo en parques y jardines, sino también en calles o paseos arbolados y en patios ajardinados. Por el contrario, las temperaturas más altas se suelen dar en las áreas industriales y comerciales, normalmente con escasa presencia de arbolado.

La presencia de abundante flora leñosa en las aglomeraciones urbanas altera el balance energético del clima a escala local, lo que provoca variaciones en la radiación solar que llega a la superficie, en la velocidad y dirección del viento, en la temperatura ambiente y en la humedad del aire. Estos efectos ayudan a amortiguar el impacto de los elementos climáticos sobre los edificios y las personas, pero la masa verde en el interior de pueblos y ciudades tiene, también, otros resultados no climáticos, como la sensación de confort y bienestar en los espacios exteriores, la minimización del ruido, la retención del polvo y materias sólidas en suspensión, la purificación del ambiente o la dotación de hábitats para una amplia diversidad de animales.[82]

Por muchas de las razones anteriores, entre otras, es por lo que, cada vez más, se tiende a poner techos verdes —cubiertas vegetales— en los tejados o azoteas de muchos edificios.

MONTE ALTO Y MONTE BAJO, EL ENGAÑO DEL NOMBRE

En cualquier rama del saber siempre hay equívocos que se extienden por la sociedad y hasta la saciedad, que acaban pareciendo verdad y que son asimilados por todos como hechos ciertos. Todas las disciplinas científicas tienen su sambenito, aquellos dichos o afirmaciones erróneas, en muchos casos confusiones históricas que se normalizan en el lenguaje coloquial.

En el ámbito de la climatología y la meteorología es muy común que la gente confunda el clima con el tiempo atmosférico; en geología los minerales y las rocas son lo mismo; en botánica las setas son plantas; en zoología las arañas son un grupo más de insectos; en medicina la gripe que azotó al mundo en 1918 era española; ¡qué decir del peso y la masa en el terreno de la física!; y en economía hay uno muy bueno, y muy antiguo, que reflejó Quevedo a principios del XVII, cuando dirigiéndose al duque de Osuna espetó «solo el necio confunde valor y precio»," expresión que popularizaría Antonio Machado tres siglos más tarde.

Por lo que respecta al mundo forestal, hay una confusión generalizada en la población, equívoco que, además, los medios de comunicación no ayudan a corregir, pues permanentemente lo emplean mal al hablar de las superficies afectadas por los incendios forestales. Nos referimos a los conceptos de monte alto y monte bajo, que no siguen la lógica aparente de sus palabras. Nada tiene que ver su significado con la altura que alcanzan los integrantes de estos montes, sino con su origen.

El *monte alto* es aquel terreno ocupado por una masa arbórea nacida de semilla —reproducción sexual—. El *monte bajo* está compuesto por ejemplares procedentes de brotes de cepa (rebrotes) o de raíz (renuevos) —reproducción asexual—. Y, como casi siempre, hay situaciones intermedias: en el *monte medio* unos árboles proceden de semilla y otros de renuevos y rebrotes.

Las condiciones ecológicas y biogeográficas de los diferentes lugares pueden ser muy dispares y ello da lugar a la presencia de determinadas especies en cada zona diferencial. Unas son más generalistas y toleran desiguales condiciones, como la encina, y otras son más especialistas, que solo viven bajo condiciones muy específicas, como el pinsapo o el ciprés de Cartagena. Las características del entorno propician la presencia de unas u otras especies, y no solo eso, sino que puede determinar también la forma de reproducción de algunas especies: hay unas que solo se reproducen por semilla, pero hay otras —las rebrotadoras— que se pueden

Monte bajo de castaños (*Castanea sativa*) (Las Médulas. León, España).

reproducir tanto por semillas como por renuevos o rebrotes, hecho que dependerá de los factores ecológicos reinantes en el cada lugar.

La encina o el olivo silvestre, por ejemplo, son especies rebrotadoras, como la mayor parte de las frondosas, por lo que pueden reproducirse bien mediante brinzales (pies originados a partir de semillas), bien mediante chirpiales (pies originados de renuevos y rebrotes). Una u otra estrategia las emplearán según los condicionantes ambientales reinantes: si hay heladas tardías habituales o si las precipitaciones primaverales son tan escasas que no permiten la viabilidad de las plántulas a lo largo del estío, se reproducirán fundamentalmente de manera vegetativa, de forma que el árbol madre se encarga de asegurar su supervivencia inicial. Por ello, en zonas áridas o en zonas muy frías, los encinares normalmente conforman un monte bajo. Si los condicionantes externos son favorables para la germinación de las semillas, en zonas algo cálidas y con precipitaciones adecuadas, lo normal es que aparezcan en monte alto, pues las bellotas no solo germinarán sino que también prosperarán y crecerán las pequeñas plántulas.

Aunque hay que tener agudizada la vista y cierta práctica observadora, es habitual que los brinzales aparezcan como ejemplares aislados y con un tronco único, más o menos dispersos por el territorio, mientras que los chirpiales suelen salir en matas compactas, con numerosos tallos o en pequeñas agrupaciones. Esto anterior son apreciaciones generales que no siempre se cumplen al pie de la letra, y menos en montes que vienen siendo modelados a lo largo de la historia por la mano humana y cuya intervención puede haber cambiado la apariencia de las diferentes masas arbóreas.

Una cosa es lo que la naturaleza genera y otra lo que el ser humano modela. Muchos castañares, rebollares, hayedos, robledales… en un origen eran monte alto, pero las necesidades humanas los transformaron, unas veces para tener suministro permanente de varas (castaños, avellanos o sauces) y otras veces para la obtención de madera para carbón, combustible, construcción o elaboración de enseres (robles, hayas, encinas o quejigos). Los pies originales se cortaban con la periodicidad que correspondiese a la especie y a la estación, de manera que a partir de ahí esa formación boscosa pasaba a ser tratada como monte bajo. Ya no tenía la posibilidad de regenerarse por semilla, no le damos la oportunidad, pues todos los nuevos árboles se cortan cíclicamente dando lugar, exclusivamente, a chirpiales. Es importante tener en cuenta que un exceso de rebrote, por cortas o fuegos periódicos, causa el denominado síndrome de agotamiento, que produce una capacidad cada vez mejor de echar nuevos órganos y de que estos sean más débiles.[83]

En otras especies no hay mucha dificultad para saber si son montes altos o montes bajos. Los pinos o los abetos, como la mayor parte de las coníferas, son especies que solo se pueden reproducir por semillas. No tienen capacidad de emitir rebrotes o renuevos, salvo excepciones, que siempre las hay, como es el caso del pino canario. Por lo que un pinar o un abetal, por ejemplo, siempre serán monte alto, independientemente de la edad que tenga o de la altura que alcancen sus componentes.

En una naturaleza inalterada, los montes altos teóricamente se extenderían más rápidamente que los bajos, siempre y cuando tengan las condiciones adecuadas. Las semillas pueden dispersarse a decenas o centenas de metros, mientras que los renuevos o rebrotes aparecen en las cercanías de la planta madre, por lo que para avanzar esas decenas o centenas de metros necesitarán un periodo más largo de tiempo.

En general, los montes altos son formaciones vegetales con sus integrantes más robustos y longevos, y en muchos casos con una altura mayor de los pies que los de los montes bajos de las mismas especies. Pero con esto de la altura hay que tener mucha precaución, pues como hemos visto es el origen de la confusión. Se da la aparente paradoja de que existen montes bajos de castaño, hayas o robles en los que el dosel arbóreo se eleva a 25 o 30 metros de altura; y por el contrario muchos de los montes altos de encinas, enebros o sabinas no suelen superar los 10 metros de altura.

Así pues, ya tenemos los argumentos suficientes para hablar con propiedad. Recordemos lo que el nobel español Ramón y Cajal dijo en una ocasión: «Lo peor no es cometer un error, sino tratar de justificarlo, en vez de aprovecharlo como aviso providencial de nuestra ligereza o ignorancia».

ESCALANDO MONTAÑAS

España es, tras Suiza, el país más montañoso de Europa. Esta es, entre otras muchas, una de las circunstancias que favorece que la biodiversidad vegetal existente en el país sea muy elevada, por las condiciones ecológicas tan especiales que reinan en estos accidentes geográficos. La montaña marca diferencias notables tanto por la altitud como por la orientación.

Al subir las montañas se comprueba fácilmente una secuencia altitudinal de vegetación —catena altitudinal—, que pasa de unos tipos de bosques a otros con límites horizontales más o menos definidos, en muchos casos casi trazados con una regla. Esas líneas imaginarias, apreciables desde la lejanía y que obedecen a los cambios de color y forma de distintas formaciones vegetales, se producen por la variación de condiciones climáticas, especialmente por los cambios de temperatura y de precipitación que se suceden según se gana altura. Cuanta más altitud mayores precipitaciones y menores temperaturas. Por término medio se suele producir un descenso de unos 0,65 °C por cada 100 metros ascendidos.

En las partes más altas las precipitaciones no solo son más elevadas, sino que una buena parte de ellas se produce en forma de nieve, las temperaturas son muy bajas, los vientos son más fuertes y permanentes, la presión disminuye, el nivel de oxígeno es menor y la radiación de rayos ultravioletas muy alta. La vida se hace casi imposible, excepto para algunas especies especialmente adaptadas a este averno.

Y no solo eso: entre las laderas de solana y umbría, debido a sus diferentes condiciones climáticas, también existe una notable diferencia en la vegetación presente. En las laderas orientadas al mediodía se reciben más horas y mayor inten-

Ladera cubierta de pinsapos (*Abies pinsapo*) (Parque Natural
Sierra de Grazalema. Cádiz, España) [Antonio Ciero Reina].

sidad de radiación solar, los cambios en la temperatura son menos acusados, la temperatura media en todos los periodos del año es más elevada y la humedad menor, pues la incidencia permanente de los rayos del sol hace desaparecer con mayor celeridad la humedad del suelo. Estas diferencias son mayores durante el invierno, cuando las laderas de umbría apenas reciben rayos solares directos.

La disimetría de laderas, junto con la diferencia de humedad del suelo y la diferencia en el periodo vegetativo anual —más corto en las umbrías—, genera la diferencia de composición florística entre las orientaciones de umbría y de solana. A igualdad de altitud, en una ladera de solana existen formaciones vegetales más tolerantes a altas temperaturas y sequías que en la ladera de umbría. Por eso podemos apreciar que en determinadas montañas, mientras que en las laderas de umbría hay hayedos, a la vuelta de esta, a la misma altitud, hay rebollares o encinares. Como resultado de estas diferencias entre las dos caras de la montaña, las comunidades vegetales tienden a subir más arriba en las laderas de solana y permanecer a menor altitud en las de umbría.[1] Así, por ejemplo, un pinar de pino silvestre en solana podría aparecer a los 1000 metros de altitud, mientras que en la umbría podría manifestarse a los 800. Sin perder de vista que a ambos lados de la montaña también hay diferencias en la fenología, pues una misma especie podrá variar días o semanas en la brotación, la floración o la caída de las hojas, por ejemplo, según esté en la solana o la umbría.

No hay una secuencia única en esta escalera vegetal que supone la ladera montañosa, cada peldaño estará ocupado por la formación vegetal mejor adaptada a las condiciones locales. En muchas montañas mediterráneas de no demasiada altura la base está formada por el bosque de ribera —siempre en la base de una montaña hay un río, un arroyo o un regato que marca el inicio de esta—; a continuación, aparece el encinar (en zonas térmicas, cálidas y silíceas enriquecido con alcornoques); más arriba, quejigos o rebollos (o ambos), haciendo cumbre estos últimos, o rematando por encima de los 1000 metros con determinadas especies arbustivas y pradera.

En montañas más altas la secuencia podría ser la siguiente: bosque de ribera, encinar, rebollar o robledal, hayedo, coníferas (pinar de pinos silvestres, abetal...), arbustos rastreros y pradera de alta montaña. Depende de la latitud a la que nos encontremos determinadas formaciones subirán más o menos por las laderas de las montañas. A partir de 1600 metros, más o menos, en muchas de las montañas del centro de la península ibérica ya no es posible la vida del bosque: hay un periodo vegetativo muy corto, el frío es muy acusado, el viento intenso, la nieve cubre con asiduidad... A partir de ahí es cuando aparecen los matorrales de alta montaña, formados por especies arbustivas adaptadas a estas particulares condiciones (piorno, enebro rastrero,), con formas almohadilladas y rastreras, tapizantes, con hojas lineales, punzantes, pequeñas, pilosas o directamente sin hojas (los tallos hacen la función fotosintética). Por encima los pastizales de herbáceas permanentes y la roca desnuda en las cumbres.

Hay que tener en cuenta que el término *alta montaña* no siempre va ligado a la altitud total de estas, pues las condiciones a altitudes semejantes pueden variar bastante según la latitud a la que nos encontremos. Por eso en la península ibérica se considera alta montaña a partir de 2500 metros sobre el nivel del mar en el sur, mientras que en el norte es a partir de 2000 metros. Con medio kilómetro de diferencia altitudinal tienen unas condiciones ecológicas semejantes.

Bien es verdad que la secuencia lógica de descenso de temperatura según se produce el ascenso altitudinal en muchas ocasiones se ve quebrada y no sucede así, sino al contrario, y por lo tanto el tipo de bosque que aparece en cada franja no es el que teóricamente correspondería a la altura de la montaña en la que se encuentre. Es lo que se conoce como *inversión térmica*. La temperatura del aire cuando subimos no desciende, sino que es más cálido como consecuencia de fenómenos atmosféricos locales. En valles con poca circulación de aire y en días despejados y con mañanas frías se mantiene en la parte inferior una película de aire más fría que en las capas superiores, pues el aire frío es más denso y, por lo tanto, más pesado. Esa capa fría aumenta en espesor según avanza la noche, ya que el aire frío desciende por laderas y gargantas hasta el fondo de valle, y se sitúa inmediatamente por arriba una capa más cálida; eso sí, siempre que sucede es en una altura relativamente escasa, no más de 200 metros, a partir de la cual el descenso de temperatura sucede con la normalidad que debería. Por eso podemos ver que en algunas zonas los valles están ocupados por quejigos, mientras que las laderas inmediatamente por encima se cubren de encinas, más exigentes en temperatura; y que la brotación de los árboles sucede unos días antes en la falda de la montaña que en las llanuras del valle.

MEDITERRÁNEO RICO RICO

Los ecosistemas mediterráneos se caracterizan por tener una elevada diversidad florística y faunística; de hecho, la cuenca mediterránea, que ocupa en torno al 1,6% de la superficie de la tierra, posee cerca del 10% de las especies de plantas superiores. Por ello, se considera que es uno de los *puntos calientes* del planeta, uno de los mayores centros de diversidad.[84] Se estima que el 60% de las plantas son exclusivas de la región, así como un tercio de la fauna.[85] La cuenca mediterránea incluye, por cierto, los territorios que vierten sus aguas al Mediterráneo: sur de Europa, norte de África y zona occidental de Oriente Próximo; territorio que viene a coincidir prácticamente con el área de distribución potencial del olivo.

Hay muchas especies que conviven en espacios relativamente pequeños, además de que en la región hay una gran diversidad de paisajes y condiciones ecológicas, lo que permite la existencia de mucha y variada presencia de seres vivos. La recurrencia de perturbaciones, como fuegos, sequías o pastoreo, permite también la coexistencia de numerosas especies con respuestas muy diferentes a tales alteraciones.

Tal abundancia de plantas y animales hace que no exista mucha especialización de cada uno de ellos. Por ejemplo, una flor puede ser visitada por muchísimas especies de insec-

Monte mediterráneo con rañas adehesadas (Los Yébenes. Toledo, España).

tos poco emparentadas entre sí, mientras que en otras partes del mundo suelen ser más específicas, con pocas especies visitantes. Si la riqueza de flora es elevada no podría ser menos la de fauna, que depende en buena medida de la vegetación existente. No obstante, la cuenca mediterránea es, también, un punto caliente de biodiversidad de polinizadores, como las abejas.[86]

Hay que tener en cuenta que vivimos en uno de los lugares que desde la antigüedad ha tenido más impacto humano, cuna de buena parte de las civilizaciones que han marcado el devenir de la humanidad. Es un territorio terriblemente antropizado. Esta intensidad en el uso y manejo del territorio es el que en la actualidad hace peligrar la existencia de buena parte de las especies mediterráneas. Pérdida y degradación de hábitats, contaminación de las aguas, introducción de especies exóticas invasoras, construcción de infraestructuras, sobreexplotación, crisis climática, son algunos de los factores que están provocando la desaparición de especies únicas e irremplazables.

No hay que olvidar que durante los diferentes periodos glaciares la foresta europea se refugió en esta zona, pues es donde existían hábitats y clima favorable. El territorio mediterráneo actuó, por tanto, como un reservorio de biodiversidad. En las fases interglaciares parte de esta flora iniciaba de nuevo su expansión, o lo que es lo mismo, la colonización del centro y norte del continente europeo. El Mediterráneo ha estado aquí, durante millones de años, como lugar de acogida.

En el caso del territorio ibérico confluyen varios factores para ser el más biodiverso de toda Europa. Es una encrucijada biogeográfica, un mosaico formado por numerosos hábitats y nichos ecológicos, existen muchos sistemas montañosos, diferentes litologías, diversidad climática, continentalidad e influencia oceánica... En la península ibérica se encuentran presentes dos grandes regiones biogeográficas: la región mediterránea y la región eurosiberiana, ambas pertenecientes a una unidad superior, el reino Holártico, que ocupa gran parte de las zonas templadas y frías del hemisferio norte. Las regiones biogeográficas son grandes áreas de la tierra que comparten características ecológicas distintivas y que se definen fundamentalmente a partir de la vegetación natural. La riqueza de la flora, con unas 8000 especies y subespecies presentes, se ve engrandecida porque en torno a 1400 especies de plantas vasculares (las que tienen raíces, tallo y hojas, con vasos conductores o sistema vascular por donde circula la savia) son exclusivas de la Península, son endémicas.

Por otro lado, las cinco regiones mediterráneas de la tierra, zonas dominadas por el clima mediterráneo, caracterizado por veranos muy calurosos y secos e inviernos suaves y lluviosos, se encuentran en diferentes zonas del planeta: California, el suroeste de la región sudafricana de El Cabo, suroeste de Australia y Chile, y el entorno del mar Mediterráneo. El conjunto de estas regiones, con algo menos del 5% de la superficie terrestre total, albergan aproximadamente el 20% de las especies de las plantas vasculares conocidas,[87] con un elevado porcentaje de endemismos y de especies raras.

A VUELTAS CON EL CO_2

Estamos en la generación del CO_2. Este término, hasta hace poco en boca y pluma exclusiva de científicos y técnicos, se ha convertido, desgraciadamente, en un vocablo popular. El conocido aumento de la concentración de CO_2 en la atmósfera está provocando una crisis climática sin precedentes. Debemos recordar que, del conjunto de gases ligados a la emergencia climática —gases de efecto invernadero—, el dióxido de carbono representa algo más de tres cuartas partes. Sabemos que su incremento está generando un aumento de la temperatura media del planeta que va a producir impactos desconocidos por el ser humano.

¿Y a las plantas en qué les afecta? Las plantas son unas de nuestras grandes aliadas, al ser fijadoras de carbono atmosférico, por lo que evitan que una parte del existente se encuentre suelto en la atmósfera. Lo fijan en sus órganos de acumulación, en la madera, tanto de troncos y ramas como de raíces. En su respiración, todos los organismos del suelo, entre ellos las raíces, absorben O_2 y liberan CO_2 en el espacio poroso de su medio; esto origina en el suelo una concentración de carbono relativamente alta y una concentración de oxígeno relativamente baja.[32]

Y en cuanto a la afección directa a las plantas... está por ver. El crecimiento de los vegetales está directamente relacionado con la fijación de carbono atmosférico por fotosíntesis e inversamente relacionado con las pérdidas de carbono, fundamentalmente por la respiración. Teóricamente un aumento de la concentración de CO_2 podría favorecer el crecimiento de los árboles y mejorar la resistencia a la sequía: al haber más CO_2 en el aire los estomas estarían menos tiempo abiertos para proporcionar CO_2 a las células que hacen la fotosíntesis, y se perdería menos agua por transpiración para una misma cantidad de CO_2 asimilado. De antemano no pasaría nada, si no fuese porque con los estomas cerrados las hojas no transpirarían agua, o transpirarían menos, y este proceso es el sistema que tienen para bajar la temperatura de la planta. Con una temperatura más elevada, a la que las plantas no están adaptadas, quizás estas se recalentasen y morirían, lo que podría provocar la desaparición o desplazamiento de las especies más sensibles.

Una mayor concentración de dióxido de carbono favorece la fotosíntesis y explica hasta un 50% de crecimiento vegetal apreciado en diferentes regiones del mundo.[88] El inconveniente es que este crecimiento necesita de un arbolado sano mantenido por unas precipitaciones estables que permitan una actividad fisiológica permanente, algo que no es posible en las áreas en las que se producen sequías prolongadas y calurosas, en las cuales se generan problemas de cavitación y embolia vascular que derivan en decrepitud o muerte de las masas arbóreas.[89]

No debemos olvidar que el suelo del bosque es un gran almacén de dióxido de carbono, en parte gracias a la presencia de la red de hongos que tapiza todo el sustrato y enlaza

Acopio de madera de pinos en rollo (Pereda de Ancares. León, España).

los árboles. Con la crisis climática es muy posible que se reduzca significativamente la simbiosis entre hongos y raíces, por lo que la pérdida de ese entramado, además de debilitar la salud del bosque, permitiría la emisión de parte del carbono que tenía secuestrado en el suelo.

Sin dejar a los hongos, también se predice que con el cambio climático global se podría estimular la proliferación de los hongos patógenos presentes en el suelo, proceso similar a lo que ocurrió en los bosques del mundo hace unos 250 millones de años, de manera que aceleraría la muerte de los árboles, ya de por sí alterados por el aumento de temperaturas y las sequías recurrentes.[90] Con el debilitamiento de los bosques las enfermedades fúngicas avanzarían más rápidamente que de normal, por lo que se produciría el decaimiento de masas forestales y una muerte más acelerada de sus integrantes, lo que supondría una menor capacidad de almacenamiento de carbono.

El dióxido de carbono es secuestrado en los bosques, pero se vuelve a liberar una vez que mueren y se descomponen, o una vez que se queman. Se ha comprobado que la mayor concentración de dióxido de carbono, el aumento de temperatura y las sequías aceleran la mortalidad vegetal, por lo que los bosques retienen carbono cada vez durante menos tiempo. Es decir, la cantidad de CO_2 atmosférico está inversamente relacionada con los tiempos de residencia del carbono en los bosques. Se ha estimado que la disminución en los tiempos de residencia de carbono en los bosques puede ser de entorno a un 9% en tres décadas.[91]

El cambio climático tan brusco que estamos padeciendo provoca olas de calor, sequías recurrentes, aumento de incendios forestales, acentuación de plagas y enfermedades vegetales, acumulación de precipitaciones en pocos eventos, acrecentamiento de la vulnerabilidad de especies amenazadas o endémicas. Está suponiendo, además, un rápido movimiento de especies leñosas. No obstante, como en cualquier debacle, no todo es negativo, hay integrantes del sistema que salen beneficiados. Muchas especies de montaña o media montaña, con el atemperamiento de las temperaturas mínimas, están subiendo altitudinalmente, alcanzando cotas que hasta ahora eran prohibitivas, como sucede con hayedos o pinares de pinos silvestres. Por otro lado, hay especies que desaparecen de sus estaciones o lugares habituales de habitación debido a que ya no tienen las condiciones adecuadas para su supervivencia; muchos encinares o pinares xéricos —los adaptados para la vida en un medio seco— que están en localizaciones límites empiezan a desaparecer para dar lugar a otras formaciones menos exigentes o más adaptables a climas áridos, desapareciendo el arbolado en muchos casos para dar lugar al dominio de los arbustos.

Es importante tener en cuenta que los sumideros del dióxido de carbono atmosférico son, básicamente, tres: el mar, la vegetación y la atmósfera. De estos tres elementos el único que es gestionable es la vegetación, fundamentalmente los bosques, de manera que se convierten en la herramienta más potente que existe a nuestro alcance para la captura del gas al que nos estamos refiriendo. El aumento de la biomasa se puede producir por el incremento de la superficie forestal y por el aumento de la densidad del arbolado, por lo que según las situaciones habrá que manejar el territorio para optimizar los resultados; procurando, eso sí, que los bosques sean lo más maduros posible, pues son los que tienen más capacidad de almacenaje de CO_2.

Es tiempo de pensar en la madera como recurso constructivo, no solo por sus propiedades y características, sino también por el beneficio ambiental que ello supone. El uso de la madera en la construcción permite retener el carbono a largo plazo, y además el espacio generado por esos árboles cortados se vuelve a ocupar por arbolado nuevo capaz de secuestrar buena parte del carbono que estaba libre en la atmósfera. Por ello, si gestionamos adecuadamente las masas forestales tendremos un beneficio múltiple: aumento de biomasa en los montes, incremento de los productos forestales, sustitución de materias primas minerales o fósiles por madera —un recurso renovable—, y la generación de actividad económica y empleo en lugares normalmente con poca población e industria.

OBSERVACIONES FENOLÓGICAS Y CAMBIO CLIMÁTICO

La fenología estudia la relación entre los factores climáticos (temperatura, humedad, luz...) y los ciclos o fenómenos biológicos periódicos de los seres vivos (aparición de las primeras hojas, floración, primeras observaciones de aves migratorias, momento de la puesta...).

Mediante las observaciones fenológicas se perciben en los montes, campos y cultivos una serie de cambios que tienen relación con la evolución del tiempo atmosférico a lo largo del año, así como la evolución de esta evolución respecto al clima normal de un territorio. Estas modificaciones repercuten a lo largo del año en la morfología, fisiología, composición de las comunidades de los ecosistemas, evolución de los cultivos y en el comportamiento de plantas y animales. En las regiones templadas o frías, las modificaciones temporales son más acusadas, pues son necesarios los cambios para prepararse y adaptarse a las diferentes estaciones. Estos patrones biológicos estacionales representan una adaptación evolutiva de las especies al clima y una acomodación de los organismos al curso meteorológico anual.[92]

En un determinado lugar todos los años se producen los mismos sucesos biológicos más o menos por la misma época, pero no exactamente en la misma fecha. La brotación de las hojas se produce tras el invierno, pero no siempre ocurre en los mismos días. La llegada de las golondrinas varía de un año a otro. El fotoperiodo —duración de la incidencia de la luz solar a lo largo del día— es el factor fundamental, pero el tiempo atmosférico influye en el adelanto o retraso de determinados procesos.

De las miles de especies vegetales y animales presentes en cualquier país se estudian fenológicamente, en detalle, solo algunas, consideradas prioritarias y conocidas como *especies diana*. Se seleccionan porque reúnen unas características determinadas: fácil identificación por la mayor parte de la población, relativa abundancia en gran parte del territorio, tener una fenología marcada, tener importancia ecológica y,

Floración —amentos masculinos— en encina (*Quercus ilex ballota*) (Las Ventas con Peña Aguilera. Toledo, España).

a poder ser, que se observen con la misma finalidad en otros países del entorno y que existan datos antiguos relativos a la fenología de la especie. Con estos dos últimos aspectos se puede comparar y complementar, por un lado, con el territorio de otros países y, por otro lado, con los datos de una serie temporal larga en la que se pueda ver la evolución y lo que está sucediendo con el paso de los años.

En el caso de las especies diana vegetales españolas seleccionadas por la Agencia Estatal de Meteorología (AEMET) se recogen las típicas de la España húmeda (norte peninsular y montañas del interior): haya, abedul, castaño y robles albar y carballo; las más característica de la España mediterránea: encina; las que se encuentran en zonas de transición: rebollo y quejigo; algunas con amplia distribución: olmo común, álamo negro, endrino, saúco, majuelo y escaramujo; dos propias de sistemas agroforestales: nogal y avellano; y una de jardinería: lilo.[92]

El seguimiento fenológico supone un minucioso trabajo de campo para registrar con precisión la fecha de ocurrencia de los eventos fenológicos —el día concreto—, eventos que se dividen en diez, según la escala recomendada por la Organización Mundial de Meteorología para la observación fenológica de las plantas. Estos van desde la brotación de las hojas o el momento de la floración hasta la maduración de los frutos.

La fenología se ha convertido en una buena herramienta para estudiar la crisis climática y su impacto sobre la biodiversidad, los hábitats y la agricultura. El estudio de la fenología en las plantas tiene especial interés no solo por su relación con el clima general, sino con el microclima en particular donde habitan los ejemplares muestreados. Además, la observación fenológica es uno de los ejemplos más claros de ciencia ciudadana. La participación de cientos de personas permite contar con una gran cantidad de datos para su posterior tratamiento estadístico. En concreto, la AEMET cuenta con colaboradores voluntarios que forman parte de su red fenológica.

Vista aérea con un objetivo gran angular de Central Park,
Manhattan, Nueva York, Estados Unidos de América [Maket].

Con estas observaciones se ha podido comprobar que en la España peninsular el aumento de las temperaturas anuales promedio a lo largo de los últimos decenios es el factor determinante para la variación de las fechas de los principales momentos del desarrollo de los árboles. Las hojas aparecen antes de las fechas en lo que a lo largo de la historia lo venían haciendo, igual que sucede con la floración y la fructificación, que cada vez son más tempranas. Por el contrario, la caída de las hojas se produce más tarde. Ese adelanto de la foliación primaveral y retraso de la defoliación invernal hace que el periodo vegetativo prácticamente haya aumentado un mes.[93][94]

En el mundo animal ha sucedido algo semejante. La emergencia de los insectos o el inicio de la reproducción de anfibios o aves se han adelantado durante estas últimas décadas. Las épocas de migración para las aves han variado, modificando su llegada a las zonas de cría. Con todo ello se está produciendo un desajuste entre el equilibrio de las plantas y el de la fauna asociada a ellas, como sucede con buena parte de los insectos. La crisis climática, en definitiva, altera los ritmos de los seres vivos, lo que se supone afectará a la dinámica y estructura de los ecosistemas.

EL BOSQUE URBANO

Aunque a lo largo de estas páginas estamos tratando a los árboles en su medio natural, formando bosques, paisajes adehesados o como ejemplares aislados, no hay que olvidar que hoy día se encuentran grandes concentraciones de arbolado en el interior de las ciudades. Arbolado, por cierto, que se convierte en el único que observa gran parte de la población. Son nuestros vecinos vegetales, callados pero vigilantes. Los condicionantes ecológicos bajo los que se encuentran distan mucho de parecerse a los que reinan en sus hábitats naturales. La isla de calor de las ciudades, la pavimentación de la mayor parte de las superficies, la compactación de los suelos y su mala calidad, la contaminación provocada por coches, calefacciones, industria... modifican y alteran negativamente las condiciones del hábitat natural. Si bien no siempre esas modificaciones son negativas para los árboles, pues muchos de ellos vegetan mejor en el interior de las ciudades que en el entorno inmediato, a merced de las inclemencias atmosféricas, sobre todo por el agua segura que, a menudo, obtienen en las urbes —tanto por riegos directos como por fugas de redes de agua subterráneas—.

Cada vez más la población mundial vive en ciudades. Hoy se estima que en la tierra aproximadamente la mitad de la población es urbana y la otra mitad rural; pero, según las previsiones, para 2050 el 70% de la población vivirá en ciudades.

Los árboles son magníficos filtros para los contaminantes urbanos y las pequeñas partículas en suspensión. Por sí solos y por la fauna y flora asociada aumentan la biodiversidad urbana. Bajo ellos en verano puede bajar la temperatura ambiente entre 2 y 10 °C. Pasar tiempo cerca de los árboles mejora la salud física y mental, aumenta los niveles de energía, a la vez que descienden la presión arterial y el estrés. Los árboles colocados de manera adecuada en torno a los edificios pueden llegar a reducir las necesidades de aire acondicionado hasta en un 30% y ahorrar un 20% de calefacción. Pueden absorber hasta 150 kilos de CO_2 al año, secuestrar carbono y, por lo tanto, mitigar el cambio climático. La presencia de árboles destacados o de grupos de árboles puede aumentar el valor de un inmueble hasta un 20%.[95]

Por lo tanto, no existe ninguna disculpa para no plantar el mayor número de árboles en nuestras ciudades, pues los más beneficiados seremos nosotros mismos.

Lo difícil de las relaciones

«Los árboles juntos crean un ecosistema que amortigua
el calor y el frío extremos, almacena cierta cantidad de
agua y produce un aire muy húmedo. En un entorno así
pueden vivir protegidos y hacerse viejos. Para conseguirlo la
comunidad debe mantenerse a cualquier precio. Si todos los
ejemplares se preocupasen solo de sí mismos, muchos de ellos
no llegarían a la edad adulta». PETER WOHLLEBEN

LUCHA QUÍMICA CONTRA EL ENEMIGO

Las plantas, aparentemente tan inofensivas (excepto las espinosas y pinchudas), diseñan un gran elenco de métodos agresivos para luchar contra especies competidoras. Acaban siendo crueles, aunque su apariencia no las delate. Hay muchas especies que provocan daños sobre otras a través de compuestos químicos liberados al medio ambiente, toxinas al fin y al cabo, intentando evitar el establecimiento de estas últimas en el entorno de las primeras, eliminando su presencia totalmente. Esto es a lo que los expertos llaman alelopatía.

En la península ibérica se encuentran dos grandes regiones biogeográficas: región mediterránea y región eurosiberiana. La mediterránea, dominada por bosques perennifolios, ocupa la mayor parte del territorio y la totalidad del archipiélago balear, y se caracteriza por el acusado periodo de sequía estival, que coincide con la época de máximas tem-

Jaral monoespecífico de jaras de hoja de laurel
(*Cistus laurifolius*) (Fabero. León, España).

peraturas. La eurosiberiana, distribuida por toda la franja septentrional, desde el Noroeste hasta los Pirineos occidentales, está tapizada por bosques caducifolios y posee una sequía poco marcada en verano. Estas diferencias climáticas condicionarán, en parte, el tipo de compuestos químicos que las plantas van a liberar.

Así, en la región mediterránea, dominada por zonas áridas o semiáridas, existe una gran proporción de plantas aromáticas, auténticas fábricas de terpenos. En la eurosiberiana, de clima húmedo o subhúmedo, por el contrario, las plantas son magníficas máquinas de producir fenoles. Y esto no es casualidad: los terpenos se volatilizan rápidamente en una atmósfera seca y caliente, mientras que los fenoles son muy solubles en agua.[96] Terpenos y fenoles se convierten así en los compuestos orgánicos aromáticos y volátiles que utilizan muchas plantas para su lucha química.

Hay dos especies de eucaliptos (por cierto, de las pocas palabras en español que tienen las cinco vocales), no autóctonas pero muy frecuentes en territorio peninsular, que ilustran las diferentes estrategias descritas. Mientras que el *Eucalyptus globulus*, propio de zonas húmedas, produce fenoles solubles en agua, el *Eucalyptus camaldulensis*, típico de zonas áridas, produce fenoles que no son solubles, por lo que se liberan cuando las hojas caen al suelo.

Los compuestos alelopáticos —terpenos y fenoles— lo que producen son, en definitiva, la inhibición del crecimiento de otras especies distintas de las productoras de estos. Son estrategias de ciertas plantas para asegurarse su espacio, su nicho ecológico, para evitar ser desplazadas por otras que pudiesen competir por su territorio. Se da la circunstancia de que la aparición de un déficit nutricional o hídrico incrementa la producción de compuestos alelopáticos, inhibidores del crecimiento o germinación de las especies competidoras, cosa que también sucede cuando las plantas tienen infecciones, parasitismo y predación.[97] Quiere esto decir que las plantas, cuanto más débiles están por cualquier circunstancia, más necesitan desplegar sus armas químicas e incrementar su producción de toxinas para defenderse mejor contra agresiones y evitar que sus competidoras aprovechen su debilidad para desplazarlas.

La liberación de las toxinas se produce por muy diferentes vías: exudación de compuestos por la raíz, lixiviación de partes aéreas, descomposición de restos vegetales, liberación de sustancias a través de hojas, frutos y semillas... Todo ello, claro está, ligado a factores internos de las plantas, como la edad de los diferentes órganos, las características de las hojas o el estado nutricional; y a factores externos, tales como la temperatura, la humedad ambiental, la existencia de microorganismos, la radiación solar o la intensidad de las lluvias.

El nogal es uno de los árboles más conocidos y populares de los que utilizan estas estrategias, cuyos efectos son identificados no solo por científicos, sino también por agricultores y habitantes del mundo rural. Sus raíces segregan *juglona*, una molécula que impide el crecimiento de las plantas de su entorno, por lo que el árbol puede acceder a todos los nutrientes al alcance de sus raíces sin ninguna competencia. Esta propiedad se conoce desde la antigüedad, por lo que a lo largo del tiempo se han generado muchos refranes en el saber popular, tales como:

A la sombra del nogal no te sientes a descansar. / A la sombra del nogal no te pongas a recostar. / De la higuera la sombra no es buena, y la del nogal trae mucho mal. / El cura y el nogal quítamelos del corral.

Otra de las especies con actividad alelopática más representativa es la jara pringosa, que suele formar densos jarales monoespecíficos, pues la presencia de esta especie provoca una disminución o desaparición de otros posibles vegetales a su alrededor. El exudado de las hojas inhibe la germinación y el desarrollo de plántulas que podrían competir con esta especie por el mismo espacio. La jara blanca, que también se suele presentar en manchas monoespecíficas, sintetiza aceites esenciales que inhiben el crecimiento de plantas en su entorno, tanto de individuos de su propia especie como de otras. Estos aceites, acumulados sobre todo en hojarasca y suelo, no impiden la germinación, pero provocan la inviabilidad de las jóvenes plantas y dificultan el crecimiento normal de las posibles competidoras.[98] Por estas circunstancias es por lo que existe una baja diversidad vegetal en los jarales de ambas especies.

Pero, además de esta actividad alelopática de algunas especies, encontramos otras capaces de impedir incluso la germinación de sus propios congéneres. Bajo la copa de un buen número de *Quercus* —robles, encinas— se ha comprobado la escasa germinación de sus bellotas y, por lo tanto, la escasa regeneración por semilla. Además, también se comprueba que existe una baja productividad de la vegetación bajo la copa de estos árboles. Esto sucede cuando existe una sombra densa, especialmente en el caso de las encinas, y al efecto herbicida que producen los taninos que poseen las hojas de estas especies.[99]

Los pinos, como el carrasco o el resinero, emiten terpenos para defenderse y atacar a sus vecinos. En el caso del segundo es la corteza, cuando se encuentra en el suelo, un potente inhibidor de la germinación y crecimiento de varias especies herbáceas.[100] Quizás los que utilizan en jardinería como acolchado la corteza de pino, además de aprovechar sus propiedades estéticas, están aprovechando, sin conocerlo, sus efectos herbicidas.

Pero también se encuentran compuestos orgánicos volátiles en otras especies leñosas como saúcos o tilos, y especialmente en muchas aromáticas: romero, salvia, tomillo, lavanda… Por cierto, alguno de los árboles introducidos más controvertidos, como el *Eucaliptus globulus*, la *Acacia melanoxylon* o el *Ailanthus altissima*, producen numerosos efectos alelopáticos.

En el caso de las ericáceas —brezos y otros parientes próximos—, poseen diferentes sustancias inhibidoras del crecimiento en casi todas las partes de la planta, fenoles fundamentalmente, que por lixiviación pasan al suelo.

En otras formaciones vegetales formadas bajo clima mediterráneo en otras partes del mundo lejos del Mediterráneo, como sucede en el matorral californiano, alrededor de algu-

Ovejas pastando (Langa de Duero. Soria, España).

Caballos pastando en encinar (Menasalbas. Toledo, España).

nas de las manchas de ciertas especies arbustivas se producen zonas desnudas en los dos-tres metros del entorno inmediato.[101] Esta guerra química se basa en la emisión de terpenos, compuestos que realizan un ataque sin cuartel contra el enemigo: atacan semillas, raíces, brotes...

HOJAS TÓXICAS Y CHIVATAZOS VEGETALES

A lo largo de la evolución muchas plantas han desarrollado medios para defenderse. Su laboratorio interno ha producido espinas, pelos, etc., pero en lo que de verdad se han especializado es en la producción de venenos. Diferentes sustancias químicas hacen que las hojas sean tóxicas, mortales o, al menos, no comestibles.

Las hojas son la razón de ser de las plantas, y les cuesta mucho producirlas, por lo que no se pueden permitir el lujo de perder parte de ellas por animales caprichosos que se empecinan en deshojarlas. Se ha comprobado que, tras una defoliación de arces, robles o álamos, el resto del árbol produce sustancias no comestibles para un herbívoro, especialmente taninos, de manera que su ingesta deja de ser agradable para sus agresores.[102] Además, no es que cada individuo comido reaccione, ¡es que reaccionan los vecinos! Analizando árboles sin dañar en el entorno de los afectados, se comprueba que su concentración de taninos aumenta casi en la misma proporción que en los directamente perturbados. ¡Los árboles lastimados se comunican y avisan a los demás! De hecho, hay veces que se detectan orugas o mamíferos muertos junto a los árboles o arbustos de los que se alimentan normalmente. Pueden seguir comiendo sus hojas, pero la elevada concentración de taninos las convierte en indigeribles y tóxicas, y llegan a mortales si el animal persiste en su ingesta.

Quizás por ello, si observamos mamíferos herbívoros y ramoneadores, apreciaremos que no están mucho tiempo comiendo sobre la misma porción de hierba o sobre las mismas ramas, aunque quede mucho material que podría ser ingerido. Pastan, ramonean... y siguen andando y explorando en otras porciones de terreno o de follaje. Las plantas se avisan entre sí, bien a individuos de la misma especie, a otras partes de la misma planta o a ejemplares de otras especies.

Sucede con frecuencia que las hojas más afectadas por insectos defoliadores son las jóvenes. Muchas especies defienden sus hojas con taninos amargos, pero estos solo son disuasorios en ciertas concentraciones, hecho que todavía no sucede en las nuevas hojas, pues no les ha dado tiempo a acumular la cantidad suficiente para ser nocivas. Por eso, entre otros aspectos, la aparición de muchos herbívoros en primavera les permite esquivar la defensa de las plantas.[103]

Se han hecho numerosos experimentos respecto a las toxinas vegetales y su forma de actuación. En algunos casos son los estudiantes los que han actuado de agresores ante los árboles. Con palos iban golpeando a las acacias, haciendo trizas sus hojas y analizando las mismas cada cuarto de hora. La proporción de taninos aumentaba constantemente, hasta alcanzar dos veces y media la proporción inicial tras dos horas de maltrato vegetal. Cuatro días después, manteniendo un periodo de calma y no agresión, la concentración de taninos volvía a su nivel normal. Pero no solo las acacias apaleadas reaccionaban, sino también las que se encontraban en sus proximidades se rebelaban exactamente igual.[97]

La relación de acacias y jirafas es una de las más estudiadas para comprobar la reacción de los árboles ante la agresión de un herbívoro. Por un lado, el árbol ramoneado segrega sustancias nocivas para protegerse él mismo, y por otro lado emite gases de aviso, de manera que el resto de las acacias se preparan y producen sustancias tóxicas antes de que llegue el cuadrúpedo. Así, las jirafas, conocedoras de este proceso, ni permanecen mucho tiempo en el mismo árbol ni pastan consecutivamente sobre árboles próximos, sino que se desplazan para dejar espacios intermedios libres de agresión. Incluso se ha demostrado que caminan contra el viento para encontrar árboles cercanos desprevenidos, pues los gases de aviso de sus congéneres de celulosa no han llegado a alertarles.

En otro estudio los investigadores comprobaron cómo en una serie de jóvenes plantones de chopos canadienses y de arces azucareros metidos en una especie de urna trasparente, bajo control de laboratorio, actuaron de manera semejante. A algunos ejemplares se les eliminaba un par de hojas y otros permanecían intactos; al analizar a unos y a otros todos ellos habían incrementado su contenido de compuestos fenólicos una barbaridad, con la intención de intoxicar, o al menos dificultar su digestión, de aquellos *herbívoros* que habían osado defoliarlos parcialmente. Los arbolillos dañados habían alertado a sus parientes de la presencia de un enemigo.[102]

Con sauces también se han documentado hechos análogos. Tras una severa plaga de orugas de librea, que causó la muerte y decrepitud de buena parte del arbolado de un bosque de Washington, los árboles sobrevivientes generaron compuestos orgánicos volátiles que trasmitieron vía aérea el mensaje de peligro incluso a aquellos que estaban a kilómetro y medio de distancia de la zona afectada. Así, durante años posteriores todos los sauces del entorno elaboraban, preventivamente, veneno en sus hojas para estar preparados ante las orugas devoradoras, lo que supuso la muerte por hambre e intoxicación de varias generaciones de estas mariposas.[9]

Se ha comprobado, a este tenor, que cuando las sustancias que conforman la saliva de un herbívoro —con bacterias patógenas— rozan partes dañadas de la planta víctima, esta automáticamente empieza a emitir ácidos grasos que se encontraban almacenados en el interior de esta y que tras su oxidación se transforman en sustancias volátiles —oxilipinas— que viajan a través del aire.[104] De esta manera actúan para proteger tanto los tejidos infectados como los alejados del punto de infección, ya que alerta por igual tanto a otras partes de ella misma como a sus vecinas.

Procesos similares suceden en los bosques mediterráneos y atlánticos. Parece ser que uno de los grandes responsables de esa comunicación química entre plantas —junto con el jasmonato y el ácido salicílico— es el etileno, hormona

Frutos del manzanillo de la muerte (*Hippomane mancinella*) [Sudhakar Bisen].

gaseosa que también interviene en procesos de estrés de las plantas, en la maduración y caída de los frutos, y en la senescencia de las hojas y flores. Esta comunicación entre las plantas se sabe que no solo ocurre a través del aire, sino que del mismo modo se intercambian información a través de las raíces y de los hongos asociados a ellas.

Entre la flora de Mesoamérica y las islas del Caribe destaca como el rey de los tóxicos el manzanillo, manzanilla de la muerte o árbol de la muerte, considerado como uno de los árboles más nocivos del mundo, pues todas sus partes son extremadamente venenosas para los humanos. El roce o ingesta de alguno de sus órganos puede llegar a ser letal, así como el humo generado por su combustión. De hecho, en algunos sitios pintan un anillo o una equis roja en el tronco como señal de aviso a los transeúntes, algo que es de agradecer y no está de más, si consideramos que en los récords Guinness está considerado como el árbol más peligroso del mundo.

Por otro lado, las plantas han desarrollado mecanismos de defensa para protegerse del ataque de microorganismos patógenos. Este sistema de defensa incluye la presencia de barreras físicas (cutículas y pared secundaria) y químicas (compuestos antimicrobianos), así como mecanismos activos en los que, a través de la activación de rutas específicas de señalización, se induce la producción de numerosos compuestos antimicrobianos, y se provoca la modificación y el reforzamiento de la pared celular.[105] Es interesante resaltar que las plantas, a diferencia de otros organismos, no disponen de células inmunes especializadas, sino que la mayor parte de ellas tienen la capacidad de activarse y defenderse conjuntamente.

Después de ver el sinfín de estrategias que despliegan las plantas para defenderse de sus agresores, podría dar la sensación de que en algún momento sus hojas serían tan tóxicas, incluso mortales, que quedarían perfectamente protegidas ante el ataque de cualquier herbívoro. Sin embargo, en la naturaleza la vida es el resultado de un continuo equilibrio entre depredadores y presas. Por cada acción defensiva que generan las plantas contra sus depredadores, los animales siempre encuentran una nueva estrategia para salvarla, a la que las plantas, con el tiempo, volverán a responder con nuevos mecanismos defensivos. Es, ni más ni menos, la propia evolución.

En ocasiones las comunicaciones se complican y afectan a varias especies, ya que las plantas no se intercambian señales entre sí para avisarse y prepararse, sino que avisan a enemigos de sus enemigos, ¿sus amigos? Hay especies que, ante el ataque de araña roja, uno de los ácaros más temidos en cultivos de todo el mundo, emiten sustancias químicas volátiles que atraen a otros ácaros, en este caso carnívoros, especializados en depredar a los ácaros vegetarianos y capaces de exterminar la población de estos con cierta rapidez.[106] También hay plantas atacadas por orugas que emiten un cóctel gaseoso que lo que hace es atraer a los enemigos de las mismas, por lo que se produce una guerra química y biológica al mismo tiempo. Pinos y olmos, por ejemplo, llaman la atención de avispillas que ponen los huevos en las orugas defoliadoras, de manera que las larvas de las avispas las devoran lentamente por dentro.

HONGOS COMUNICANTES

Los árboles, y el resto de las plantas, no son seres independientes que hagan la guerra por su cuenta y que no tengan relación con otros seres vivos; ¡todo lo contrario!, son organismos profundamente relacionados con el mundo viviente que les rodea. Se relacionan frecuentemente con seres microscópicos de los que dependen en muchos casos incluso para su propia supervivencia; de hecho, sin microorganismos no habría bosques.

Los árboles se relacionan íntimamente con hongos y bacterias que están en el suelo. Los hongos actúan como amplificadores del sistema radical. Estos se asocian con las raíces para formar las micorrizas y a través de sus filamentos explorar una cantidad de territorio al que el árbol por sí solo, con la única contribución de sus raíces, no hubiese podido llegar. Además, estos filamentos, las hifas, permiten comunicarse a los árboles entre sí, les unen y facilitan el intercambio de información y de sustancias diversas.

Se estima que el 80% de las plantas tienen sus raíces colonizadas por hongos beneficiosos. El hongo y la raíz forman un equipo indisoluble, una simbiosis perfecta, que trabaja conjuntamente para el beneficio de ambos. Los hongos proporcionan agua y sustancias minerales a la planta, mucha más de la que la planta podría con sus propios medios; a su vez la planta le proporciona al hongo azúcares, que le ayudan en su desarrollo y proliferación.

Las ectomicorrizas —cuando las hifas rodean a las raíces sin penetrar en ellas— son más abundantes en las regiones templadas, mientras que las endomicorrizas —con las hifas que penetran en las células de las raíces— dominan en regiones tropicales. Las primeras establecen simbiosis con el 60% de los árboles del mundo, aunque este elevado porcentaje únicamente represente el 2% de las especies de las plantas vasculares. Estas, además, tienen más capacidad de secuestro de carbono gracias a los compuestos secundarios que inhiben la degradación de la materia orgánica.[107]

Las redes de micorrizas pueden ser enormes, cubrir bosques enteros, y cada árbol se llega a conectar con decenas de ellos, algunos situados a más de treinta metros de distancia. Incluso pueden conectar plantas de distintas especies.[108] Y no solo eso, sino que se ha comprobado que en ciertos casos estas redes subterráneas actúan como redes de comunicación, ya que ejemplares afectados por algún ataque o anomalía son capaces de trasladar esa información a sus vecinos para que estén preparados, por si acaso.

Se sabe que los distintos árboles del bosque tienen una función diferenciada dentro de esta red. Los más viejos actúan como el *consejo de sabios,* son los dominantes, los que más relaciones tienen en el entramado subterráneo y ayudan a los árboles más jóvenes, transfiriéndoles elementos vitales para su desarrollo. Los más pudientes ayudan a los más necesitados. De hecho, las plántulas asociadas a sus mayores

Micelios —zonas claras— de *Fuligo septica* sobre madera de haya en descomposición (*Fagus sylvatica*) (Monte Corona. Cantabria, España) [Francisco Figueroa].

reciben gran cantidad de recursos, de manera que sobreviven en mayor número y crecen más que aquellas que se intentan buscar la vida por sí solas, sin el protectorado. Por eso la pérdida de los árboles más ancianos —por el motivo que sea: tala, sequía, enfermedad, senescencia...— hace más vulnerable a la colectividad, pues estos actúan a modo de nodos centrales del sistema. Tan es así que, cuando un árbol madre va a morir, acelera la transferencia de carbono a sus árboles más pequeños y a otros vecinos, dirigiendo esa energía a ciertos individuos dentro de su comunidad. Y además reconocen a sus parientes, ya que se ha comprobado que los viejos árboles envían más recursos a los plantones que descienden de ellos que a los extraños. Viviendo en comunidad son, como no podía ser menos, solidarios, pues, cuando una de las plantas está aquejada de cualquier mal —carencias, enfermedades, plagas—, las vecinas le mandan más agua y carbono, comparten sus recursos con la que está más necesitada para ayudar a su permanencia y recuperación.[109][110]

Pero no siempre los hongos llegan con buenas intenciones. En el suelo hay hongos muy beneficiosos, imprescindibles para los árboles, pero también los hay muy dañinos. En el encuentro subterráneo entre raíces y hongos hay un tanteo previo entre ellos, un diálogo químico, de manera que ambos se sitúan para afrontar la relación. Si el hongo llega con buenas intenciones, si es beneficioso para el árbol, este facilitará la relación; sin embargo, si el hongo es un patógeno que quiere parasitar y destruir al árbol, vivir a costa de él, este desplegará todo su arsenal químico para intentar evitar su colonización.

Por cierto, que los árboles madre también existen en otros reinos. En la película *Avatar* son árboles antiguos e inmensos que se pueden encontrar en todo Pandora y donde viven muchos clanes Na'vi, incluido el Omaticaya. Normalmente alcanzan más de 100 metros de altura, con una base hueca sostenida por raíces típicas del manglar. La circunferencia es lo suficientemente grande como para alojar a todos los miembros de cada clan, ya que el árbol está lleno de oquedades donde duermen, comen y celebran los actos sociales.

Árboles *tímidos*. Foto aérea de la laurisilva canaria (Parque Nacional de Garajonay. La Gomera, España) [Juan Carlos Moreno Moreno].

Aunque realmente el árbol madre está formado por un conjunto de árboles de la misma especie que crecen entrelazados, generando fuerza mutua y refuerzo estructural. Esta cualidad del árbol es lo que hace que los Omaticaya los veneren, recordando permanentemente que una comunidad es más fuerte y resistente que la suma de sus miembros. Otros clanes, como los Tipani, los Tawkami o los Ni´awve, también tienen árboles madre.

RELACIONES DE VECINDAD

La vida no deja de ser una pelea por la supervivencia, aspecto que depende de las capacidades de uno mismo, de los vecinos y del entorno ambiental. Las plantas compiten entre sí por adueñarse de una parte del territorio, por hacerse un hueco para poder vivir y completar sus funciones vitales. La competencia depende del terreno de juego: en zonas fértiles y húmedas la principal lucha es por conseguir luz, mientras que en zonas pobres y secas la disputa es por los recursos del suelo, especialmente el agua.

Normalmente árboles y arbustos con crecimiento lento, hojas perennes y con poca capacidad de respuesta a los cambios ambientales, acaban ocupando sitios poco fértiles, mientras que los de crecimiento rápido, de hojas caducas y más adaptables, ocupan los sitios más fértiles.[99]

La interacción entre especies no siempre ha de ser negativa o excluyente. En muchos casos la presencia de determinados ejemplares facilita la implantación de otras plantas bajo su copa o entorno inmediato. El algarrobo o la retama son algunas de las especies que bajo su copa incrementan la diversidad vegetal. A la sombra hay más nutrientes, se incrementa la cantidad de agua en el suelo y la humedad de la lluvia tarda más en perderse. Funcionan como puntos de nucleación del paisaje, como imanes, *atrayendo* a otras plantas cerca de ellas.

La retama, y cuanto más vieja mejor, es una de las plantas considerada como protectora o facilitadora, pues permite la presencia de otras plantas bajo ella. En la proyección de su copa siempre se encuentra una gran diversidad de plantas herbáceas o pequeños plantones de leñosas. Su presencia mejora significativamente las condiciones ambientales de su entorno: reduce la radiación solar bajo ella; disminuye la temperatura del suelo y del aire en verano e impide que baje mucho en invierno; en su entorno inmediato se forman suelos aireados y menos compactos que en los alrededores; fija nitrógeno atmosférico gracias a las bacterias asociadas a sus raíces, elemento que es aprovechado por otras plantas; la concentración de materia orgánica bajo ella es mayor que en el entorno. Es, en definitiva, una auténtica planta nodriza.

La encina, una especie básica en numerosos bosques de la mitad occidental de la cuenca mediterránea, no se queda atrás. Es una máquina de facilitar la presencia de otras plantas en sus proximidades, tanto herbáceas como leñosas, siempre y cuando no posea una copa densa y compacta que sombree absolutamente su proyección sobre el suelo. Bajo su estructura aérea los suelos retienen mejor el agua, son más porosos, más fértiles, se minimizan los extremos climáticos. Es capaz de bombear nutrientes de las profundidades y trasladarlos —vía caída de hojas, frutos, ramillos— a la superficie. Es como una especie mágica, pues dota de fertilidad a aquellos suelos que aparentan ser yermos o con poca materia orgánica y nutrientes. El algarrobo, originario también de la región mediterránea, hace una misión semejante a la encina en las zonas más áridas, costeras y sin presencia de heladas o con heladas suaves y escasas.

En otros casos, el efecto positivo no se debe a más nutrientes o humedad, sino a la protección que ofrecen las plantas ya existentes. En sitios en los cuales los herbívoros son relativamente abundantes, en el seno de matorrales espinosos se facilita la germinación, crecimiento y desarrollo de otras plantas que, sin su efecto benefactor no hubiesen pasado, a lo sumo, de ser pequeñas plántulas recomidas. Pero esto también puede ser relativo. En determinas sierras del sur de la península ibérica los pinos silvestres que nacen en el centro de los matorrales tienen muchas posibilidades de salvarse de la boca de los herbívoros. Pero si nacen en un lateral de esta maraña pinchuda, la posibilidad de que los herbívoros acaben con ellos es mayor que si estuviesen en espacios abiertos. Esto se debe a que, en verano, la época de mayor escasez de alimento, los ungulados (ciervos, corzos, jabalíes...) van a ramonear a los arbustos, con lo que la posibilidad de dar con el pino es muy elevada.[111]

En alta montaña, una vez que los árboles han desaparecido, por imposibilidad de medrar en condiciones tan adversas, las plantas almohadilladas que los sustituyen actúan como plantas nodrizas para un buen elenco de especies; no solamente las protegen ante los posibles herbívoros, sino especialmente contra el azote continuo de frío, viento o nieve.

La sabina rastrera, *Juniperus sabina*, y especialmente los pies femeninos, también ha mostrado un papel relevante como especie nodriza de otras leñosas. Las hembras poseen unos frutos atractivos para cierta avifauna, que no solo van a comer, sino que mientras ingieren también defecan. Por ello, este arbusto acaba siendo protector de enebros comunes, abetos, quejigos...[112]

Como en todos los casos de vecindad y de relaciones entre personas, las hay más espontáneas y dicharacheras, y las hay retraídas y tímidas. En el mundo de los árboles sucede algo parecido. Sabemos que hay relación intensa entre árboles cercanos de la misma especie, pero no una relación íntima como veíamos en el caso de las raíces, sino una de respeto y de salvaguarda de la proximidad, de acuerdos de tú a tú, de copa a copa. No es una comunicación para avisar de peligros externos, sino las normas de convivencia boscosa, un acuerdo entre vecinos para respetarse los unos a los otros, sin atacarse y sin profanar el espacio de los demás, lo que se ha bautizado como *timidez* de las copas. Lo normal es que cuando paseemos bajo los árboles en bosques más o menos densos, al mirar hacia arriba comprobemos cómo las ramas de los árboles se entrecruzan, tejiendo un techo continuo e impenetrable. En el caso de ciertas familias como las pináceas o las fagáceas, cuyos miembros ocupan la mayor parte

Encinar inacabable (*Quercus ilex ballota*) (Monfragüe. Cáceres, España).

de la Europa templada, sucede que las copas de los distintos ejemplares no tocan a las de los vecinos, aunque crezcan próximos, dejando alrededor un espacio libre, a modo de puzle. También ocurre con los eucaliptos y con numerosos géneros de árboles tropicales. Sucede sobre todo en las especies que alcanzan mayores dimensiones: los árboles más altos son los más *tímidos*, a los que más les da pereza juntar su copa con las de los vecinos. De alguna manera se comunican e interrelacionan para llegar a un reparto equitativo del espacio, que no perjudique a ninguno, que permita la entrada de la luz y el aire a todos por igual, sin molestarse.[36]

DOMINANTES Y DOMINADOS

Las comunidades forestales en muchas cosas se acaban pareciendo a las sociedades humanas, o al contrario. Dentro de las agrupaciones vegetales destacan determinadas especies que acaban dominando al conjunto de la colectividad, por lo que se llaman especies dominantes. Son las que se acaban imponiendo a las demás, ocupando el dosel arbóreo más alto; el resto de los árboles estará por debajo, sometidos, dominados, en muchos casos abocados a la desaparición.

Estas especies que acaban por someter a las demás lo hacen por diferentes aspectos: por el tamaño que alcanzan, por la estación en la que vegetan, por la velocidad de crecimiento, por el temperamento… La posibilidad de que en un espacio determinado haya una elevada diversidad de especies dependerá de la agresividad de la especie dominante. En numerosas ocasiones se acabará formando una masa monoespecífica, es decir, formada por una única especie o, en caso de coexistir con más, donde una especie concreta representa más del 90% del total. En España las masas monoespecíficas suelen estar formadas por especies de *Quercus* o de *Pinus*, como cualquiera que salga al monte habrá podido comprobar. La encina es la que más superficie ocupa, después el pino carrasco, seguido del pino resinero y del silvestre, para dar paso en extensión a rebollos y robles pubescentes (ambos sumados conjuntamente), pinos laricios y hayas. Es decir, un pequeño grupete de especies domina la inmensa mayoría del territorio, independientemente de que en España haya más de un centenar de árboles autóctonos. Algo parecido a lo que ocurre en cualquier otra parte, donde alerces, píceas o hayas se pueden convertir en los protagonistas de grandes superficies forestales.

No siempre estas especies aparecen como componentes únicos de sus formaciones, pues en muchos casos forman masas mezcladas con otras. En las masas mixtas —masas con mezcla de especies— es habitual que exista una especie dominante, pero al menos un 10% de la superficie estará ocupada por otras especies diferentes.

En las masas monoespecíficas, sobre todo cuando existe una elevada densidad, la parte superior de las copas suele estar a la misma altura, mientras que en las mixtas esta cubierta es irregular, de acuerdo con los tamaños alcanzados por los diferentes miembros de la mezcla. Esta composición variada dará lugar a varios estratos, formas desiguales, colores diversos...

Hay especies que en su estación óptima forman auténticas legiones y llegan a ocupar un sinnúmero de hectáreas (encinas, pinos, robles), y se marchan en ocasiones hasta donde la vista ya no llega. Sin embargo, hay otras que, como en las películas o en el teatro, son actrices y actores de reparto, que actúan de comparsa, con papeles aparentemente de poca importancia, y que parece que se han resignado a aparecer siempre como acompañantes, tímidamente, con ejemplares aislados y salpicados entre la maraña de los dominantes. Destacan por lo distintivo —algunos en otoño no solo resaltan sino que toman el protagonismo visual— no por su abundancia, aunque con ciertas condiciones propicias a veces se salen del guion y forman pequeñas manchas o bosquetes, como queriendo reivindicar su protagonismo. Nos referimos a arces, serbales, acebos, tilos, tejos, fresnos, olmos de montaña, cerezos y a tantos y tantos olvidados.

Lo mismo sucede en las dehesas, esas formaciones tan típicas ibéricas. La especie dominante suele ser la encina, si bien junto a ellas emergen quejigos, alcornoques, pirúetanos o fresnos de hoja estrecha, entre otros.

Hay que tener en cuenta que no toda la superficie forestal está ocupada por arbolado, por lo que la especie dominante no siempre será un árbol. En inmensas zonas el terreno está ocupado por matorrales o arbustedas, por lo que las especies dominantes serán genistas, retamas, jaras, brezos...

PARASITA QUE NO ES POCO

En el mundo de los seres vivos siempre hay quienes quieren vivir a costa de los demás, ¡y vaya si lo consiguen! Dentro de estos, el reino vegetal no podía ser una excepción. Se considera que de todas las plantas con flores alrededor del 1% son parásitas.[113] En el conjunto de la flora ibérica y balear se estima en poco más de un centenar las especies con hábitos parásitos.[114]

Hasta ahora habíamos visto que las plantas se caracterizaban por ser seres autótrofos, es decir, capaces de producir su propio alimento vía fotosíntesis. Eso se debe a que aún no habían entrado en acción nuestras protagonistas actuales. Entre los vegetales hay una serie de plantas que son heterótrofas, vamos, que su alimento no lo producen ellas mismas, sino que lo obtienen de otras. Las plantas parásitas obtienen sus nutrientes, en todo o en parte, a partir de otras plantas, por ello carecen total o parcialmente de clorofila.

Dentro de las parásitas las hay poco delicadas, generalistas, capaces de parasitar a decenas o centenas de especies diferentes, y las hay especialistas, que solo parasitan a una especie concreta o poco más. Como las parásitas dependen de su benefactor para vivir no es de recibo que acaben con este a las primeras de cambio, por lo que, en caso de acabar con la muerte del hospedante, nunca lo hacen antes de haber finalizado con éxito su propia reproducción.

En función del grado de parasitismo, podemos distinguir dos grupos principales. Las holoparásitas son las que obtienen todos sus nutrientes a partir del huésped. Lo que

Muérdago sobre pino silvestre (*Viscum album* / *Pinus sylvestris*) (Peguerinos. Ávila, España).

deberían ser raíces en realidad son haustorios, órganos succionadores que penetran en los vasos conductores —xilema y floema— para obtener el agua y los nutrientes. Por otra parte, al ser plantas que no necesitan fotosintetizar, pues el alimento lo produce el hospedante, desaparece la clorofila y, por ello, desaparecen las hojas al no ser necesarias. Su parte vegetativa suele ser muy reducida, poco voluminosa, normalmente de colores amarillentos pálidos. En algunos casos están tan introducidas en las plantas parasitadas que solo se visibilizan en el momento de la floración.

Las hemiparásitas, que conforman el otro gran grupo, en condiciones naturales son parcialmente parásitas y fotosintéticamente activas. También tienen transformadas sus raíces en haustorios, atrapan el agua y las sales minerales de los vasos conductores, pero presentan clorofila y, por lo tanto, son verdes. Dentro de estas las hay *facultativas*, que no requieren de planta huésped para completar su ciclo vital, es decir, que si tiene cerca una planta a la que parasitar procurarán vivir a costa de ella, pero si esa circunstancia no se diera pueden florecer y fructificar en ausencia de plantas hospedantes, como es el caso de la retama loca. En el caso de las hemiparásitas *obligadas*, forzosamente deben estar unidas a su planta hospedante para completar su ciclo vital.

Dentro de las holoparásitas son de destacar las cuscutas y a los jopos: por número de especies, distribución e importancia económica. Ambos grupos de especies, consideradas como malas hierbas parásitas, tienen un gran impacto en cultivos. Los jopos, que se distribuyen fundamentalmente por el hemisferio norte, pueden parasitar —dependiendo de la especie concreta— tanto a plantas silvestres como a cultivos de leguminosas, girasoles, hortícolas...

Las cuscutas, de las que hay más de un centenar de especies repartidas por el mundo, son unas plantas parásitas poco delicadas, ya que se enrolan sin ningún problema con un sinnúmero de huéspedes. Viran entre el amarillo y el rojizo, pero no tienen partes verdosas, ya que no poseen cloroplastos ni clorofila (ni falta que les hace, ya que se alimentan de lo que succionan del tejido vascular de las plantas que prenden). Por ello tampoco tienen hojas, no les es necesario, constando de una maraña de filamentos que literalmente atrapan a sus víctimas. Ni raíces cuando adultas, pues una vez que han captado a su hospedador no necesitan estar en contacto con el suelo. Sus órganos succionadores, los haustorios, se introducen en los tejidos del vegetal parasitado, del que obtienen los recursos necesarios para vivir.

De las hemiparásitas la estrella en nuestras latitudes es el muérdago. Parte de las sustancias nutritivas que requiere las obtiene de su huésped, pero al mismo tiempo realiza la fotosíntesis. Su sustrato, de donde obtiene el agua y los minerales, son las ramas de los árboles alojadores. Una vez atrapados en la copa de un árbol necesitan moverse y salir de allí, si quieren prosperar y diseminarse como especie, por lo que utilizan el truco de aprovecharse de animales voluntarios. Fructifican en vistosos, ricos y mucilaginosos frutos, irresistibles para muchas aves. Las viscosas semillas quedan adheridas al pico o a la cloaca una vez que son regurgitadas o defecadas, con lo que el pájaro tiene que frotarse con las ramas en las que estén posadas, para desprenderse de ese molesto colgante. Así sembrarán nuevos muérdagos en otros posaderos verdes.

El muérdago, del que se distinguen tres subespecies, parasita multitud de plantas leñosas, tanto caducifolias como coníferas. Afecta a árboles aislados y a grandes masas arboladas, a especies autóctonas y exóticas, a frutales, árboles ornamentales y forestales..., y no es nada delicado ni selectivo. La subespecie que afecta a los caducifolios se ceba especialmente en chopos y álamos, aunque también es habitual en tilos, abedules, carpes o serbales, así como en manzanares o pomaradas. La subespecie que afecta a los pinos parasita especialmente al silvestre y al laricio, sin desdeñar a las píceas y a los alerces. La tercera de la subespecie, el muérdago del abeto, como su nombre indica, es más específica. No hay que olvidar que un pariente de esta aprovechada planta, el *arceutobium* o muérdago del enebro, se comporta de manera semejante y lo podemos encontrar en cualquiera de los enebrales mediterráneos, tanto de enebro de la miera como de enebro común.

Por cierto, que de parásita y quebradero de cabeza a los gestores forestales, el muérdago pasa a ser símbolo del amor y la prosperidad en algunas zonas geográficas, sin olvidar que era una planta mágica y sagrada para los druidas. En gran parte de Norteamérica y Europa se ha convertido en el adorno estrella de la Navidad, que traerá prosperidad al hogar durante el año siguiente. En Escandinavia, si dos personas pasan por debajo de una rama de muérdago en Navidad —normalmente colgado en lo alto de la puerta de acceso a la casa—, irremediablemente estarán obligados a besarse, lo que desembocará en un interesante y apasionado romance.

LOS TREPAS DEL MUNDO VEGETAL

En el bosque, como en cualquier otra sociedad, no faltan los trepas. Se aprovechan de los demás para subir, para ascender, para alcanzar cotas que por sí solos no serían capaces de conquistar. Nos referimos a las plantas trepadoras, especialmente adaptadas para crecer sobre algún soporte en búsqueda de la luz. Sin apenas gasto de energía, sin generar troncos leñosos capaces de sujetarse por sí solos —aunque hay excepciones—, pueden llegar en poco tiempo al cénit de la formación vegetal en la que habitan. Crecen desmesuradamente en longitud, si lo comparamos con el relativamente escaso crecimiento en grosor del tronco.

En algunos casos, cuando tocan algo sobre lo que trepar, reaccionan emitiendo zarcillos. Estos, dependiendo de las especies, unas veces se enrollan en torno al soporte, como en la vid silvestre o la pasiflora, y otras veces se adhieren como ventosas, como sucede en alguna especie de parra virgen. En ocasiones emiten una serie de raíces aéreas auto adherentes, idóneas para pegarse a cualquier soporte y de enraizar en el mínimo recoveco que provea de algo de sustrato; según la misión que hayan adquirido, su cometido es el de

Joven tronco de haya tras haber crecido con el abrazo
de una liana ya desaparecida (*Fagus sylvatica*) (Parque
Nacional Picos de Europa. Cantabria, España).

fijarse al soporte (tronco, muro, roca...) o el de suministrar agua y nutrientes, y ayudar al crecimiento y la dispersión de la planta, como sucede con la hiedra. Las hay que se enganchan en los soportes gracias a las espinas que poseen, como podemos apreciar en zarzas o buganvillas. Muchas de ellas, madreselvas, clemátides o glicinias, necesitan una estructura sobre la que enrollarse, ya que no son capaces de emitir zarcillos o raíces aéreas que le ayuden en su labor, sino que tienen que abrazar obligatoriamente a su sustentador. En cualquier caso, todas ellas tienen una preocupación: trepar y trepar, subir y subir, ascender a lo más alto. Si no encuentran asidero para erigirse verticalmente, entonces se comportan como rastreras y tapizan el suelo a la espera de detectar algo —vivo o inerte— que pueda hacer la misión de soporte.

Hay una trepadora, oriunda de Europa, Norteamérica y Asia occidental, que goza de un unánime aprecio y reconocimiento universal. Aunque de origen silvestre, se cultiva con fruición. Nos referimos al lúpulo, pues gracias a sus flores femeninas todos los amantes de la cerveza pueden disfrutar de su bebida favorita.

En la relación entre un árbol y su liana puede pasar de todo. Si el árbol es joven, en su crecimiento rápido y vital puede reventar a la trepadora y eliminarla. En ocasiones acaba absorbiéndola, integrándola en su interior, como engulle la base de una rama, un cartel o cualquier otro elemento que se acerque al tronco. También es posible encontrar tallos jóvenes espiralados, con la forma de la trepadora, que tiempo atrás le enrollaba y que no dejaba crecer por igual al tronco en grosor.

Hay veces que el árbol, impedido su crecimiento en anchura, muere; el crecimiento de la liana es más rápido y poderoso que el árbol sobre el que se sustenta. Incluso pasados los años se llega a apreciar a la trepadora engrosada, espiralada, sola, con un hueco interior que correspondería con el espacio que ocupaba su tutor tiempo atrás, antes de morir y descomponerse.

Lo que es muy común en el bosque es que el árbol-soporte y la enredadera convivan durante años y años. Muchas veces

Hiedras trepando sobre rebollos (*Hedera helix / Quercus pyrenaica*) (Robledillo. Toledo, España).

aguantan así toda la vida, pero cuando la invitada es la todopoderosa hiedra al final esta acaba venciendo. Sube por el tronco, rodea todas las ramas, se apodera de la copa poco a poco, impide el paso de la luz al follaje del árbol, por lo que este va secando ramas paulatinamente, hasta que la hiedra acaba dominando al que había sido su aliado durante tanto tiempo, que se agota y acaba derrotado, traicionado por su invitada. Aunque a veces este abrazo es mortal para los dos. La hiedra va subiendo y subiendo, extendiéndose por todo el ramaje, hasta la punta de todas ellas, engordando y ganando peso; al mismo tiempo el árbol se va debilitando, cada vez con menos superficie fotosintética, en muchos casos limitada exclusivamente a pequeñas ramillas finales; de manera que llega un momento en que esta ligazón colapsa, ya que el árbol cae y con él su liana, y de ese modo tras una convivencia añosa mueren ambos individuos.

LÍQUENES EPÍFITOS

La relación alga-hongo que todos conocemos desde el colegio parece que ahora está cambiando. No su relación en sí, que sigue tal cual, sino lo que conocemos de ella. El dúo que conocíamos ha pasado a ser un trío. Junto al hongo y al organismo fotosintético, normalmente un alga verde, pero en ocasiones una cianobacteria, existe también una levadura, un tercer componente que hasta hace muy poco había pasado desapercibido. Aunque minoritaria con respecto a los otros dos compañeros de organismo, las células de la levadura se han encontrado en líquenes distribuidos por toda la tierra, y su abundancia o escasez puede hacer, por ejemplo, que una especie de liquen sea tóxica o inocua.[115]

El resultado de la unión del alga y el hongo —el liquen— es completamente diferente a cualquiera de los dos componentes por separado. Las algas, o las cianobacterias, dentro del liquen realizan la fotosíntesis y producen azúcares y otras moléculas nutritivas que sirven de alimento al hongo; y este último penetra en las células de las algas para captar los

Liquen epífito (*Pseudovernia furfuracea*) (El Real
de San Vicente. Toledo, España).

nutrientes. El hongo, a su vez, ofrece al alga una estructura que la protege de impactos mecánicos, de la desecación y de la radiación solar, y le permite vivir fuera del agua, ya que una de sus misiones es incrementar la capacidad de absorción de agua. Actúan en perfecta simbiosis, de manera que el conjunto de las diferentes especies de líquenes es capaz de vivir prácticamente en todos los ecosistemas terrestres, desde el ecuador hasta los polos o los desiertos, desde el nivel del mar hasta las más altas cumbres; ocupando nichos en zonas de climas extremos en donde las algas no podrían desarrollarse por sí solas sin el concurso del hongo.

Necesitan un soporte sobre el que vivir, sean sustratos orgánicos o inertes: postes, rocas, muros, suelos, incluso plásticos, si bien uno de los hábitats preferidos para colonizar es la corteza de los troncos y ramas de los árboles; este es el caso de los líquenes epífitos. La naturaleza del sustrato determina la composición de la flora liquénica, pues está demostrado que buena parte de los líquenes muestran preferencia por determinados sustratos. Cortezas lisas o rugosas, rocas silíceas o calizas, suelo estable o inestable, sustentáculos claros u oscuros, son factores que determinan la presencia de unas u otras especies en ambientes semejantes.

Durante los días o periodos húmedos y lluviosos los líquenes se hinchan, están repletos de agua. Por el contrario, se van contrayendo cada vez más cuando avanzan los días secos. No entienden de estaciones, no paran en invierno y retoman actividad en primavera, pues de lo que entienden es de las condiciones atmosféricas del momento presente. Se despliegan y se retraen multitud de veces a lo largo del año.

Los líquenes actúan como monitores permanentes del entorno, como bioindicadores. No son capaces de seleccionar las substancias que absorben, no poseen mecanismos activos capaces de regular la entrada y salida del agua y del aire con las sustancias que puedan contener, por lo que tienen una íntima relación y dependencia del ambiente inmediato, reaccionando frente a las pequeñas variaciones que este pueda sufrir, ya que son muy sensibles a las perturbaciones. Las sustancias que hay en la atmósfera próxima acaban asimiladas e incorporadas en su interior, por lo que los contaminantes atmosféricos generan síntomas de deterioro mucho más rápidos que en otros organismos que poseen algún mecanismo de defensa. Conociendo las exigencias de estos para poder vivir y los parámetros que limitan la existencia de las diferentes especies, la presencia o no de determinados líquenes se puede relacionar directamente con factores ambientales concretos, y nos indican la salud global de los bosques o de los entornos en los que se encuentran… o en los que se han dejado de encontrar.

Si bien no todos los líquenes tienen la misma sensibilidad ante los contaminantes atmosféricos, está demostrado que donde existe una mejor calidad del aire también existe una mayor diversidad de especies. Por ello, cuanto más en el interior de una gran urbe nos encontremos, menos serán las especies presentes. Son centinelas de la salud atmosférica y, por lo tanto, al igual que nos indican el buen estado ambiental de un lugar, también nos delatan de posibles problemas para nuestra salud derivados de una mala calidad del aire. Con el estudio de presencia y abundancia de determinadas especies podemos determinar los niveles de contaminación por óxidos de nitrógeno, dióxido de azufre, metales pesados, etc.

También son muy agradecidos. Una vez desaparecidos por problemas de contaminación, si esta cesa, su recuperación y la vuelta a su antiguo hogar, en algunos casos, llega a ser espectacularmente rápida. Con la desaparición del plomo en los combustibles de los vehículos muchas especies han vuelto a colonizar espacios ocupados antaño. En Londres, a finales del siglo XX y tras eliminar buena parte de los contaminantes ambientales, los líquenes volvieron a ocupar antiguos hábitats.[116]

La diversidad liquénica está directamente relacionada con la madurez y estabilidad de los bosques. El tiempo y la ausencia de perturbaciones son factores necesarios para el establecimiento de las condiciones microclimáticas adecuadas para favorecer la instalación y expansión de buena parte de las especies de líquenes. Se estima que las especies menos comunes, las menos generalistas, no comienzan a aparecer en el bosque hasta que ha logrado el estado de madurez, generalmente entre 150 y 200 años.[117] Por eso, mientras que en un robledal joven puede haber tres o cuatro decenas de especies de líquenes por kilómetro cuadrado, en un robledal maduro puede pasar fácilmente del centenar de especies.[118]

Conviene recordar que la presencia de líquenes no representa ningún peligro para los árboles sobre los que se asientan. No parasitan ni extraen nada de sus apoyos, pues solo los utilizan para sustentarse. Aparecen, eso sí, sobre todo en ejemplares maduros y añosos, y cuanto más viejos más posibilidad de tener una mayor masa liquénica sobre sus cortezas. Además, en ejemplares viejos, con menor vigor y menos densidad de follaje, aparecen en mayor número los líquenes heliófilos, los que necesitan bastante iluminación para vivir. Por ello existe cierta creencia de que los líquenes deterioran a los árboles sobre los que vegetan. Dentro de los bosques normalmente hay diferentes tipos de hábitats, por lo que la flora liquénica varía también de unas zonas a otras: de los claros y márgenes a las partes más umbrosas, de zonas con hojarasca abundante a los suelos más desnudos, de zonas expuestas al viento a las protegidas, de orientaciones de solana a las de umbría…

Estos organismos, además, son los primeros colonizadores de casi todos los ecosistemas, ya que son muy poco exigentes respecto a la presencia de nutrientes y no necesitan suelo en el que desarrollarse. Y no solo eso, sino que en muchas situaciones son los que comienzan con la formación de suelo que facilitará la llegada posterior de las primeras plantas.

CUESTIÓN DE AGALLAS

Quizás haya personas que no sepan, hasta ahora, lo que son las agallas, pero seguro que muchas conocen la expresión *tener agallas*, o su contraria, *no tener agallas*. Las agallas más conocidas y populares —que nada tienen que ver con las de los peces— son las que se producen en diferentes especies

Quejigo totalmente lleno de agallas (*Quercus faginea*)
(Espinoso del Rey. Toledo, España).

de robles, con forma globosa, asimilada a los huevos, hecho por el que en el lenguaje coloquial se relaciona con la hombría de quien hace una cosa —o la falta de hombría por no llevarla a cabo—. Ser osado, valiente o fuerte ante la adversidad es, vulgarmente hablando, tener huevos o, lo que es lo mismo, tener agallas.

Las agallas, también conocidas como cecidias, son estructuras anormales de parte de los tejidos u órganos de las plantas, son de tipo tumoral y están inducidas generalmente por insectos, aunque también se pueden deber a la intervención de ácaros, bacterias, virus, hongos y nematodos, entre otros. Normalmente es una reacción de la planta ante la puesta de huevos, la afección de un patógeno o el picotazo o bocado por un agente externo, y se manifiesta con un crecimiento anómalo de los tejidos vegetales en los que se ha producido el daño. Lo que distingue a una agalla de otras anomalías que pueden ocurrir en las plantas es que la reacción del vegetal ante el ataque del organismo extraño siempre va ligado a fenómenos de hipertrofia (crecimiento anormal de las células) e hiperplaxia (multiplicación anormal de las células).[119]

Una buena parte de las agallas presentes en los árboles y arbustos de los bosques suelen ir ligadas a la acción de insectos. Los insectos cecidógenos o gallícolas —los inductores de agallas— suelen ser de dos tipos: los que actúan mediante la puesta de huevos (avispas, mosquitos…) y los que actúan por picaduras alimenticias (entre los que destacan los pulgones).

No hay ninguna parte de la planta que escape a la acción de los insectos gallícolas, ya que pueden afectar a raíces, tallos, hojas, yemas, flores o frutos. Eso sí, el organismo inductor suele caracterizarse por su especificidad frente a un género o especie vegetal, y normalmente induce las agallas sobre un único órgano de la planta. En general afectan mayoritariamente a las hojas, aunque los nematodos actúan sobre las raíces y las mariposas prefieren tallos y yemas.[120]

El organismo inductor utiliza la agalla como un medio de procurarse nutrición especializada y cobijo frente al medio ambiente y enemigos naturales. Los animales gallícolas que ponen huevos desarrollan todo su ciclo en el interior de la agalla que el vegetal va formando. Tras el huevo sigue la larva, con varios estadíos, y culmina con la formación del adulto.

Agallas formadas por ácaros son fáciles de observar en hojas de olmos, alisos, tilos, encinas, arces, sauces... De las formadas por insectos nos serán muy comunes las de las cornicabras (su forma, de cuerno de cabra, da lugar al nombre común del arbusto), las de la filoxera de la vid (que ha acabado con casi todas las vides europeas), las que aparecen en las yemas de los tejos en forma de alcachofa, las peludas de las ramas de los rosales silvestres o, sobre todo, las de los cinípidos gallícolas que actúan sobre las especies de *Quercus*.

Los cinípidos, o avispas de las agallas, son los que producen las típicas agallas de robles, rebollos, quejigos, encinas... Las decenas de especies de cinípidos inductores de agallas e inquilinos se ligan a especies del género *Quercus*. Su reproducción es muy compleja —de tipo heterogónico— pues parte de ella es sexual y parte por partenogénesis, en la que los machos son totalmente prescindibles. La formación de la agalla se inicia una vez que la hembra pone el huevo; a partir de ese momento el árbol se activa y empieza a crear el tejido gallícola. La larva se aprovecha del tejido nutritivo que rodea a la cavidad larval y se convierte la agalla en su fuente alimenticia. Además, la cecidia sirve de protección del insecto frente a los cambios del entorno y frente los posibles enemigos naturales (predadores o parasitoides).

Debido a la riqueza en taninos, las agallas generadas por los cinípidos han sido utilizadas desde la antigüedad hasta el siglo XX como materia curtiente de pieles, sin olvidar que también sirvieron de base para fabricar tinta de escribir y tintes para el pelo y la ropa. E igualmente lo utilizaban en el campo, una vez triturado y hecho polvo, como material para coagular la sangre que afloraba por heridas o rasguños.

Animales y plantas han coevolucionado, de manera que el árbol ante la picadura de una especie concreta de insecto reacciona creando una agalla con una forma determinada y exclusiva, ligada únicamente a su inductor. La planta, aunque parezca increíble, reconoce al ovipositor.

La presencia de agallas en árboles y arbustos no indica la decadencia de estos, pues pueden vegetar sin problemas, aunque se encuentren afectados. Sin embargo, el ejemplar leñoso que tiene una afectación masiva se resiente, pues todos los recursos que utilizan en *aislar* a sus hospedantes no los puede invertir en crecer, desarrollarse y fructificar.

ÁRBOLES VIEJOS, JOLGORIO DE VIDA

Los árboles viejos son aquellos que han sobrepasado la madurez y tienen una edad cronológica elevada en relación con otros individuos de la misma especie. Suele ocurrir que estos ejemplares extramaduros tienen un elevado interés biológico, estético y, en muchos casos, cultural. Normalmente se caracterizan por tener un gran perímetro de tronco, una reducción progresiva del volumen de la copa —atrincheramiento— y diferentes grados de descomposición en la madera.[121]

No aparecen siempre en las masas boscosas, normalmente porque en estas se ha producido un aprovechamiento tradicional de madera que ha impedido que algunos de los árboles lleguen a ser vetustos ejemplares. Además, en muchas ocasiones, estos pies no aprovechables por su madera se han cortado para abrir claros en los que los nuevos retoños crezcan libres de competencia y se desarrollen en óptimas condiciones, sin la competencia de los añosos antecesores.

Lo normal es que en los bosques maduros los árboles viejos y veteranos representen un pequeño porcentaje de la población. Además de por el mayor tamaño de tronco, suelen destacar de los demás por la irregularidad de este, la presencia abundante de musgos, líquenes y hongos, la existencia de oquedades y ramas quebradas, y la presencia de un buen porcentaje de madera muerta en la estructura global. Esta escasez y rareza los dota de un valor especial, no económico, sino ecológico, paisajístico y sentimental.

Cada uno de estos ejemplares de avanzada edad se convierte en sí en un pequeño gran ecosistema, en un auténtico

Agalla sobre cornicabra (*Pistacia terebinthus*) (Alcaraz. Albacete, España).

reservorio de biodiversidad. A medida que un árbol envejece, aumenta la variedad de microhábitats que alberga y en los que puede acoger a otros seres vivos. Estos pequeños habitáculos normalmente están asociados a la madera en descomposición, a los numerosos orificios y a la rugosidad e irregularidad de la corteza.

Los hongos de la madera son uno de los socios inseparables de los árboles maduros; de hecho, son estos los que producen la podredumbre y descomposición de la madera, frecuentemente en asociación con bacterias y otros microorganismos. En este proceso de desintegración se reciclan los nutrientes y se genera un gran elenco de espacios propicios para los invertebrados y otros muchos animales, algunos muy escasos, pues suelen ser habitantes de formaciones boscosas maduras y estables, en los que suele existir un cierto porcentaje de integrantes leñosos de elevada edad y abundante madera muerta, tanto en la estructura en pie como caídos en el suelo.

Hay muchas especies de invertebrados que son saproxílicos, es decir, que dependen durante parte de su ciclo vital de la madera en descomposición. Dentro de estos destacan los insectos y más específicamente los escarabajos, pues se estima que hasta el 50% de los escarabajos forestales dependen de la madera muerta o senescente de los árboles.[122] Además, hay muchos invertebrados escasos que solo están en lugares donde los árboles de avanzada edad han proporcionado una continuidad del hábitat idóneo durante decenios o siglos. El ciervo volante (*Lucanus cervus*), el capricornio (*Cerambyx cerdo*) o *Rosalia alpina* son algunos de los más destacados. Sin olvidar que los espacios generados por pudriciones pueden ser el alojamiento ideal de muchas especies sociales, como abejas, hormigas o termitas.

Las cavidades fruto de la descomposición de la madera son uno de los dendro-microhábitats más apropiados para servir de refugio, dormidero y lugar de nidificación para multitud de aves y mamíferos, alguno de los cuales dependen, en gran medida, de una dieta basada en invertebrados de la madera.

Dentro de los mamíferos destacan los murciélagos. Un buen porcentaje de especies de quirópteros —murciélagos— son especialistas forestales. De las 34 especies españolas hay 10 arborícolas, que se sirven de pequeñas cavidades y grietas para refugiarse, tanto en árboles muertos en pie como en ejemplares vivos gruesos y viejos. Además, utilizan los bosques asiduamente para cazar. Cada individuo suele utilizar distintas cavidades en un mismo bosque a lo largo de los años, si bien tienen un elevado grado de fidelidad hacia las oquedades y fisuras concretas y la zona donde se concentran los árboles-refugio. Se pueden cambiar de un refugio a otro cada pocos días, siempre manteniendo sus lugares querenciosos, todo ello dependiendo de la concentración de parásitos, la presencia de predadores, molestias puntuales o confort de temperatura y humedad.[123] Como la diversidad de quirópteros forestales está influida por la disponibilidad de alimento, refugio, agua y la heterogeneidad estructural del hábitat, la presencia o ausencia de estas especies nos pueden indicar el buen o mal estado de conservación de los espacios forestales. La distribución de los murciélagos arborícolas no es homogénea en la península ibérica, ya que en el norte se encuentran todas las especies y según se desciende en latitud el número de ellas que aparecen es menor. Además, suele ocurrir que los bosques de frondosas poseen mayor riqueza específica de estos mamíferos alados que los de coníferas.

Junto con los murciélagos cohabitan en los viejos troncones y ramas quebradas otros muchos mamíferos. Algunos hacen nidos entre las ramas, semejantes al de algunas aves, como las ardillas, pero la mayor parte de ellos aprovechan agujeros y huecos, como sucede con tejones, martas, ginetas, garduñas, gatos monteses, lirones caretos, lirones grises o ratones de campo, entre otros.

Otro gran grupo de vertebrados que se beneficia de los árboles añosos es el de las aves. En las últimas décadas, debido al paulatino abandono del mundo rural, la no dependencia directa de los productos del bosque, el aumento de la superficie arbolada y una correcta gestión forestal, en España ha habido un aumento generalizado, con sus altibajos, del conjunto de aves forestales.[124] Dentro de estas destacan los pícidos o pájaros carpinteros. Además de tener fuertes patas con garras para poder moverse por troncos y ramas, se caracterizan por poseer un pico más o menos fuerte que les permite perforar la madera para construir el nido y buscar alimento; de ahí el tamborileo que escuchamos en la espesura del bosque, al picotear varias veces por segundo contra la madera. Su alimentación se basa, fundamentalmente, en larvas de insectos ocultas bajo la corteza, a las que llegan gracias a su pico y a la larga lengua que poseen. Todas las especies de pícidos anidan en cavidades que se construyen ellos mismos. Muchas especies excavan un nido por temporada, por lo que los nidos abandonados son usados por otros muchos animales: mochuelos, cárabos, trepadores azules, murciélagos, etc.

Al mismo tiempo de ser refugio de todo el bicherío, la superficie rugosa y agrietada de la veterana corteza puede ser el soporte ideal para numerosas plantas trepadoras, sin olvidar que sobre estas estructuras es probable que culmine con éxito el proceso de colonización de musgos y líquenes, alguno de los cuales solo se localizan en cortezas muy viejas.

Otros pequeños espacios ligados a los árboles ancianos, que normalmente se suelen encontrar en la base —aunque algunas veces están en la inserción de ramas— y que crean minioasis de vida para fauna muy especializada, son las cavidades con humus y las que habitualmente están llenas de agua (dendrotelmes).

Hay que tener en cuenta que para algunas especies de las citadas es básico que exista continuidad espacial y generacional del viejo arbolado, pues la capacidad de desplazamiento de estas es limitada, por lo que la ausencia de árboles ancianos significaría la desaparición de un buen elenco de especies asociadas.

Quizás uno de estos árboles emblemáticos y llenos de vida sea el Árbol del Sapo, que aloja en sus entrañas un montón de criaturas. Es ese fantástico árbol retorcido y moribundo que aparece en la película *El laberinto del fauno*, de Guillermo del Toro, en el que se adentra Ofelia, la niña-princesa, para encontrar el sapo que vive en su interior y que está matando

Roble añoso en los Ancares (*Quercus petraea*) (Piornedo. Lugo, España)

al vegetal lentamente, pues ha de buscar la llave dorada de la inmortalidad que el batracio tiene en su vientre.

Más real fue la secuoya de 50 metros de altura que acogió a Julia Hill durante dos años completos, a la que bautizó como Luna. En su libro *El legado de Luna* nos describe las peripecias y aconteceres en la copa del árbol, donde se encaramó y vivió durante 738 días para proteger de la deforestación un bosque de Stafford, en el condado de Humboldt, en California.

HORMIGAS, PULGONES Y EL HOSPEDANTE VEGETAL

El incesante devenir de hormigas a lo largo del tronco, el incansable subir y bajar de la legión de hormigas, es algo que está indisolublemente unido a muchos árboles, bien sea en el monte o en la ciudad. Todos habremos apreciado ese continuo paseíllo; incluso muchos de nosotros, al apoyarnos, lo habremos sufrido.

Las hormigas pueden subir a los árboles y arbustos por diferentes motivos, pero uno de los más comunes es la presencia en la copa de pulgones. Los pulgones, de los que existen decenas y decenas de especies distintas, son pequeños insectos chupadores que se dedican, a través del estilete bucal, a succionar la savia circulante del vegetal. Tras esa actividad los órganos afectados de las plantas, normalmente las hojas, presentan amarilleamientos, deformaciones, encorvamientos, pringosidad, negritud...

Pues bien, los pulgones excretan una sustancia azucarada y pringosa, una melaza o mielada que es un manjar para las hormigas. Esa delicia la toman, si pueden, directamente de la parte posterior del pulgón. Teniendo este suministro de superalimento a su disposición, las hormigas trabajarán incansablemente para estimular a los pulgones y conseguir que segreguen más melaza, al mismo tiempo que se convertirán en un ejército permanentemente disponible para la defensa y salvaguarda de la colonia de pulgones. Las

Hormigas y pulgones sobre rama de retama
(*Retama sphaerocarpa*) (Toledo, España).

hormigas frotan sus antenas en la parte dorsal de los pulgones como estimulación táctil, de manera que provocan una secreción permanente de la mielada, por lo que es muy común escuchar que *ordeñan a su rebaño* o que *ordeñan a los pulgones*. Ellas intentarán con todos sus medios que nadie ni nada ataque a los pulgones. Tú por mí y yo por ti.

Entre las dos especies existe una relación de mutualismo, pues tanto la hormiga como el pulgón salen beneficiados de su alianza. Las hormigas protegen permanentemente a los pulgones frente a cualquier depredador de estos. Un caso habitual es el ataque de las hormigas a las mariquitas, ya que estas últimas son unas grandes consumidoras de pulgones. Tanto las larvas como los adultos son depredadores especializados en pulgones, uno de sus mayores enemigos naturales, y voraces como los que más: una larva de mariquita necesita comer varios cientos de pulgones para completar su desarrollo.

Junto con las tareas de protección, las hormigas se encargan del servicio de limpieza de la colonia de pulgones, pues retiran los cuerpos muertos y los exoesqueletos generados por los pulgones en cada una de sus cinco mudas. Además, las hormigas adultas aprovechan para poner los huevos en las colonias de pulgones, y así asegurar que una vez que nazcan tengan el alimento cercano y disponible. Todo ello sin olvidar que son capaces de trasladar a los pulgones recién nacidos a zonas de la planta que todavía no estaban afectadas, para que sigan incrementando sus dominios y, paralelamente, su colonia. ¡Por el interés te quiero, Andrés!

Aunque todo lo anterior es lo normal, hace poco se ha comprobado que algunas especies de pulgones engañan a las hormigas y se aprovechan de ellas. Es una relación de mimetismo agresivo. Una parte de los pulgones imitan las sustancias emitidas por las larvas de ciertas hormigas, de forma que confunden a las hormigas y estas consideran que son sus crías y los transportan hasta el interior del hormiguero, a las cámaras guardería, donde los cuidan como si fuesen sus propias larvas. Allí los pulgones infiltrados succionan los fluidos internos de las larvas de las hormigas para alimentarse cómodamente de sus protectoras.[125]

La melaza, por cierto, es un magnífico campo de cultivo de diferentes hongos denominados *negrilla* o *negrón*, que producen la enfermedad conocida como fumagina. Por ello, muchas plantas afectadas por pulgones (también por cochinilla o mosca blanca) tienen hojas, frutos, brotes y ramas cubiertas con un polvo negro parecido al hollín, que puede formar costras y que llega incluso a tapar toda la hoja, a dificultar la realización de la fotosíntesis y a disminuir el ritmo de crecimiento. Son hongos saprófitos, que no se alimentan de la planta viva, a la que utilizan únicamente como soporte, ya que viven de la solución azucarada que hay depositada en su superficie y segregada por los pulgones y otros pequeños organismos succionadores.

También en el centro y sur de América es habitual el trasiego de subida y bajada de legiones de hormigas desde el suelo hasta el follaje de los árboles. Este ir y venir continuo de numerosas especies de hormigas tropicales no se debe a la presencia de pulgones, sino a que son hormigas cortadoras de hojas. Se llevan los trozos a su guarida, los mastican y cultivan sobre ellos hongos de los que se alimentan con posterioridad. Permanentemente alimentan a sus hongos con hojas frescas, pues, cuanto más alimento tengan, mayor podrá ser la colonia. Es una relación mutualista, ya que el hongo necesita de los insectos para vivir, y las hormigas, a su vez, necesitan de los hongos para existir.

INVASIÓN A TODO RITMO

Los movimientos migratorios humanos desde la prehistoria han generado la posibilidad de que numerosas especies de seres vivos puedan superar barreras geográficas insalvables desde un punto de vista natural, si se considera su propia capacidad de diseminación. Con los desplazamientos humanos se han transportado plantas tanto de forma voluntaria como de manera accidental.

Se consideran especies alóctonas a aquellas de origen lejano, que no pertenecen de forma natural a la flora o fauna local, y es por tanto un término opuesto al de especies autóctonas, integradas en la flora o fauna local, sin intervención humana. Una parte de esas especies alóctonas o foráneas, por diferentes motivos, pueden ser capaces de expandirse por sí solas en el nuevo territorio y generar poblaciones que compiten con las del lugar.

Desde el inicio del desarrollo de la agricultura hubo especies que migraban junto con los grupos humanos y en el intercambio de mercancías que se producía entre distintos pueblos. Estas especies alóctonas, cuya introducción se produjo con motivo de la actividad agrícola, bien eran introducidas para su cultivo, y escapadas posteriormente, o bien como semillas de hierbas adventicias ligadas al cultivo principal. Así se dispersaron, en gran medida, las *malas hierbas* de los cultivos. Hoy día, sin embargo, las principales vías de introducción en todo el mundo de las diferentes especies alóctonas son la vía involuntaria y, en el caso de las plantas, la introducción de especies utilizadas para jardinería. Muchas de estas últimas son las que están generando más problemas en los últimos decenios, convirtiéndose en invasoras con muchísima capacidad de expansión.

Como curiosidad añadida, el conjunto de exóticas que fueron introducidas antes del descubrimiento de América y que siguen conviviendo con nosotros, se llaman arqueófitas (como la caña común), y las que se introdujeron tras esa fecha son las neófitas (como el ailanto).

Las especies foráneas ocupan, fundamentalmente, espacios alterados donde la vegetación nativa ha sido total o parcialmente destruida. De esta manera, espacios con fuerte influencia antrópica como márgenes de infraestructuras de transporte, zonas urbanas no construidas, humedales humanizados, campos agrícolas o zonas ganaderas, presentan generalmente un mayor porcentaje de especies alóctonas que los espacios con vegetación natural o seminatural, ya que en estos últimos encuentran más competencia y les resulta más difícil su introducción, además de estar normal-

Fitolaca, planta norteamericana invasora (*Phytolacca americana*)
(Pueblonuevo de Miramontes. Cáceres, España).

mente menos impactados por la presencia humana, la causante de la mayoría de las introducciones.

Árboles del cielo, mimosas, budleyas, plumeros, uñas de gato, tabaco moruno, chumberas y decenas de especies más se encuentran normalmente en lugares abiertos, alterados y degradados, pero no siempre. Aunque en bosques o comunidades poco alteradas es muy difícil su introducción, por la estabilidad y madurez del ecosistema, no hay nada ajeno a la ambición expansiva de ciertas especies invasoras. Cada vez es más normal ver programas de erradicación de determinadas especies en parques nacionales o parques naturales, las joyas de la naturaleza de cualquier país.

Las especies lejanas que llegan para quedarse podría parecer que aumentan la biodiversidad del ecosistema; sin embargo, pueden generar una serie de situaciones que tienden a empobrecerlo. Se puede dar el caso de que la nueva especie llegue a constituirse como especie dominante, imponiéndose a las autóctonas, de forma que estas últimas se vean relegadas de algunos ambientes, rarificadas o incluso extinguidas a nivel local. Por otro lado, los ecosistemas son sistemas complejos y la introducción de un nuevo elemento puede modificarlos o desequilibrarlos, afectando profundamente a su estructura y funcionamiento, influyendo también de esta forma indirecta en el conjunto de especies del ecosistema original. Los impactos negativos sobre las especies nativas suelen estar relacionados con fenómenos de competencia, depredación, hibridación o introducción de patógenos.

La introducción de las plantas invasoras en las nuevas áreas es consecuencia mayoritariamente, como hemos visto, de la actividad humana, pero además hay una serie de condiciones o características que facilitan su extensión incontrolada: afinidades climáticas entre las zonas biogeográficas de origen y la invadida; las zonas costeras, con temperaturas suaves, tienen mayor predisposición para la introducción de nuevas especies, lo mismo que sucede en zonas acuáticas en general; sin olvidar que las invasoras suelen ser plantas con capacidad de adaptarse a diferentes ambientes y normalmente dotadas de una buena capacidad de reproducción y de dispersión.

Recientes estudios han mostrado que el éxito de muchas plantas invasoras en sus nuevos hábitats va ligado a que estas tienen hojas con costes de construcción menores, con mayor tasa fotosintética y mayor concentración de nitrógeno, así como una mayor velocidad de crecimiento, lo que les dota, en general, de una ventaja competitiva, al asegurarse de más rápido y mayor acceso al espacio físico. Puede que esto anterior tenga que ver con que en los nuevos espacios las invasoras no suelen encontrar los herbívoros propios de su hábitat original, por lo que pueden destinar más recursos al crecimiento y a la reproducción. Por otra parte, como en el nuevo hábitat sigue habiendo herbívoros generalistas, podrían dedicar también más recursos a la síntesis de defensas químicas como los terpenos, eficaces contra los herbívoros a bajas concentraciones. Por ello, el ahorro en defensas de alto coste se puede invertir en más crecimiento, más reproducción y mayor construcción de defensas contra herbívoros generalistas en el nuevo hábitat; de hecho, se ha detectado que el contenido total de terpenos es mayor en las especies invasoras que en las nativas.[126]

Los problemas que causan aumentan debido al incremento del comercio mundial, el transporte, el turismo y el cambio climático. Por todo ello, la introducción de plantas y animales favorecida por actividades humanas ha sido tan extensa que las especies exóticas son actualmente consideradas como uno de los elementos principales del cambio global. Tanto es así que las especies exóticas invasoras constituyen, tras la destrucción de los hábitats, el segundo factor de riesgo de pérdida de diversidad biológica, sobre todo en aquellos ecosistemas aislados desde el punto de vista geográfico y evolutivo.

BAÑO DE BOSQUE

Dentro de este capítulo dedicado a las relaciones habíamos obviado, hasta el momento, la intervención de los seres
humanos. Ya sabemos que nuestra injerencia puede ser
nociva o beneficiosa, pero no es el objeto de este apartado.
Aquí vamos a tener en cuenta algunos de los beneficios que
nos reporta a las personas la cercanía y disfrute de los ecosistemas forestales. Por si a alguien le ha quedado dudas del
valor de estos, le vamos a añadir un punto más de importancia, pero de importancia egoísta, pues vamos a considerar
unos beneficios directos que aportan a las gentes que disfrutan de su compañía y proximidad.

Cualquiera que pasee y sea observador habrá visto en el
monte escarabajos embadurnándose del polen de las flores y a jabalíes retozando en el barro de pequeñas bañas,
en el medio rural a gallinas regodeándose de sus frecuentes baños de tierra y polvo y el en medio urbano a gorriones
bañándose en los charcos generados tras las lluvias o riegos
de las calles. Pues bien, desde hace unos decenios las personas se dedican a tomar baños de bosque. Si bien en este
último caso no hace falta rebozarse, untarse ni frotarse contra nada, sino solo pasear, simple y llanamente pasear.

El *shinrin-yoku*, nombre japonés del baño de bosque, es
una práctica que consiste en pasar tiempo en el bosque,
paseando a ritmo pausado disfrutando en derredor. La finalidad de estos paseos no es hacer ejercicio físico sino rela-
jarse y descansar, respirar las sustancias volátiles que emiten los árboles —fitoncidas— y, como resultado, mejorar la
salud, el bienestar y la felicidad.[127] El ejercicio consiste en
un paseo tranquilo de unas dos horas por zonas boscosas,
cuanto más naturales mejor, sumergidos bajo la frondosi-
dad de las copas y codeándose con los arbustos que hay al
paso, normalmente conjugándolo con ejercicios de respiración. Aunque se ha comprobado que con caminatas tranqui-
las de veinte minutos también se produce una mejoría física
y mental, ya que disminuyen significativamente los niveles de
estrés, depresión, fatiga y ansiedad.[128] Los paseos, o simple-

mente estar relajado en el bosque, producen que la actividad del cerebro se active en las partes relacionadas con la emoción, el placer y la empatía.[129]

Esta terapia forestal incluso lleva nombre: silvoterapia. Esta medicina forestal llega a plantearse como una medicina preventiva anticancerígena, que reduce la presión arterial, frecuencia cardíaca, hormonas del estrés, ansiedad, depresión, fatiga. Los principales beneficios del entorno natural en nuestra salud, de acuerdo a las publicaciones científicas existentes, se basan en la mejora de la salud y calidad de vida percibida, disminución de la mortalidad, reducción de la morbilidad, menor sobrepeso y obesidad, mantenimiento de la salud cardiovascular y contribución a la salud mental, entre otros.[130] En definitiva, refuerzan el sistema inmunitario y son salvoconductos con efectos preventivos ante muchas de las patologías generadas por nuestro actual estilo de vida.[131]

Estos datos parece que lo que hacen es corroborar lo que la Agencia Forestal de Japón intuyó en 1982, cuando propuso integrar los baños forestales en las recomendaciones para un estilo de vida saludable, como parte de un programa diseñado para reducir los niveles de estrés de la población nipona. Ahora se ha convertido en un sistema reconocido de relajación y manejo del estrés en Japón, algo que se expande gradualmente por el resto del mundo.

Muchos prefieren bosques maduros, pero esto no está al alcance de todos y tampoco es recomendable saturar estos santuarios naturales con la presencia humana. Una arboleda cercana o, incluso, un parque frondoso y tranquilo pueden activar nuestro cuerpo y mente de la misma manera. Lo ideal es que posea diversidad de ambientes: zonas tupidas, claros, afloramiento de rocas... pero sin apenas desniveles, que sea circular, y con uno o dos kilómetros de longitud es suficiente. No es la prisa ni el deporte lo que prima, sino dejarse embaucar con el entorno vegetal.

Tanto se ha profesionalizado que en muchos casos estas actividades se llevan a cabo con monitores o guías especializados. Estos dirigen a los participantes, les hacen detenerse y tocar una hoja o una piedra, escuchar en silencio los sonidos del bosque, observar colores y matices, apreciar aromas, abstraerse de todo con los ojos cerrados, compartir sensaciones, reflexionar o preparar y tomar una infusión elaborada con plantas del lugar. En definitiva, tener una conexión emocional con el paisaje. Hay quien recomienda iniciarse con expertos para posteriormente ya hacer por sí solos esta reconexión con la naturaleza, considerada por muchos practicantes como un viaje interior.

Este beneficio directo del verde sobre los seres humanos no solo se ha comprobado en las circunstancias en las que usamos el entorno natural para pasear, sino que se ha evidenciado científicamente que la proximidad de zonas verdes a los lugares de residencia disminuye la mortalidad por todas las causas, por lo que la proximidad de la población urbana a los espacios verdes se debe considerar como una intervención estratégica de salud pública.[132]

Epílogo

«No olvidemos lo importante que es la naturaleza, lo paciente y sabia que es. Hay que dejar el asfalto unos días y sumergirse en un bosque para dejar que te tienda su mano amiga y escuchar lo que nos pide, con su silencio y sabio lenguaje». MIREN ONAINDIA

Cuando alguien escribe tiene la esperanza de llegar a sus lectores, de trasladarles parte de sus sensaciones, sus sentimientos, sus apreciaciones estéticas o sus conocimientos, o simplemente entretener. Lo expresado en este libro intenta aunar un poco de todo, es una miscelánea de intenciones. Trasladar pasión por el árbol, el bosque, el medio natural, la naturaleza de la que dependemos, es cuestión de corazón; pero de un corazón que no actúa como órgano autónomo, sino que está íntimamente ligado con la cabeza y la inteligencia que, se supone, nos diferencia del resto de seres vivos.

Es un libro pensado para que cualquier persona lo pueda leer, pero especialmente para aquellas a las que les gusta salir a pasear al campo, a recoger frutos silvestres, a recolectar setas, a maravillarse de las flores, a oxigenarse, a desestresarse, a ejercitarse, a ver pájaros, en definitiva, a los que disfrutan manchándose las zapatillas con el verde, el barro o el polvo. Tiene también la intención de intentar despertar la capacidad de admiración y de asombro ante tantas cosas tan próximas que, probablemente, pasaban inadvertidas.

En sus páginas habremos descubierto que no solo las grandes masas arboladas y la floresta más espectacular en tamaño —como sucede en las áreas con abundancia de precipitaciones y temperaturas suaves— atesoran grandes misterios, sino que, del mismo modo, zonas más áridas, tan comunes en grandes partes del planeta, contiene un sinfín de entresijos alucinantes que hacen de estos grandes ecosistemas algo único en el mundo. Sin olvidar, claro está, que matorrales o arbustos dispersos nos pueden dar una gran lección de vida y superación.

Tras su lectura es posible que al salir al medio natural lo hagamos con otros ojos. Debemos ponernos el antifaz de intentar ver más allá de las siluetas o colores. Tenemos que cambiar de actitud, ponernos en el frente activo. Apreciaremos la gran diferencia que existe de pasar de ser meros espectadores impertérritos ante nuestro entorno a convertirnos en máquinas de preguntar y preguntarnos e intentar descifrar lo que sucede alrededor. El disfrute del paseo se incrementará, aumentará la sensación de bienestar, la satisfacción de entender lo que nos rodea será impresionante y el disfrute general será más completo.

La naturaleza desde sus orígenes no para de evolucionar, aunque los humanos en los últimos milenios la hayamos trastocado bastante. En los países más desarrollados prácticamente no existen bosques inalterados, primigenios, pues todos ellos han sufrido un proceso de transformación más o menos profundo. Algunas de las cubiertas forestales actuales semejan lo que debieron ser, otras son los emblemas de los bosques culturales, como las dehesas o los montes trasmochos, y otros, simplemente, han desaparecido.

Es verdad que en los bosques más maduros podremos apreciar mayormente el juego de fuerzas entre sus componentes, las alianzas entre ellos, las estrategias individuales y colectivas, y la fortaleza de la comunidad, del conjunto. Bien saben, aunque no lo pueden expresar con palabras, que la unión hace la fuerza. Nada queda al azar, los árboles más fuertes y altos someterán —no para siempre— a los demás, los dominados siempre estarán al acecho y esperando su oportunidad, cualquier resquicio o espacio será ocupado por el ser vivo más rápido y mejor adaptado al lugar. Todo ello, siempre, en constante cambio y transformación. No es una instantánea de un paisaje, es un paisaje vivo, en permanente metamorfosis, donde sus integrantes se acechan y se respetan a partes iguales.

Esa convivencia en el bosque se podría analizar como un juego de estrategia, en el que cada componente despliega sus mejores dotes, cumpliendo un rol con las herramientas que la evolución les ha dotado. En su larga trayectoria todas las especies han aprendido lo difícil que es la supervivencia y han ido mutando y cambiando para prosperar y permanecer, cuando no para expandirse.

En cualquier retazo de naturalidad podremos valorar las maravillas que nos depara la vida, apreciar las adaptaciones tanto a factores abióticos como bióticos, e intentar entender las estrategias que han seguido para estar donde están.

Contar al menos una parte de todo lo anterior ha sido uno de los objetivos de este libro. Y lo más importante, contarlo con rigor, basándonos en la experiencia propia y en las cosechas recogidas de los mejores investigadores y estudiosos. Y lo que colmaría el vaso sería que muchos conceptos, muy difíciles de explicar en el lenguaje cotidiano, se hayan entendido sin haber abusado de palabrería técnica. Aunque, eso sí, ciertos términos específicos son de obligado uso y, a partir de ahora, deberían entrar a formar parte de la riqueza léxica de los amantes de la naturaleza.

El cóctel está preparado, sírvase usted mismo. Pasear entre los árboles debe ser un acto de disfrute, aprendizaje y entretenimiento. ¿Alguien da más?

Notas

1   Peinado Lorca, M.; Monje Arenas, L. y Martínez Parras, J. M. 2008. *El paisaje vegetal de Castilla-La Mancha. Manual de geobotánica.* Consejería de Medio Ambiente y Desarrollo Rural, Junta de Comunidades de Castilla-La Mancha. Toledo.

2   Canadell J. *et al.* 1999. Structure and Dynamics of the Root System. In: Rodà F., Retana J., Gracia C.A., Bellot J. (eds.). Ecology of Mediterranean Evergreen Oak Forests. *Ecological Studies* (Analysis and Synthesis), vol 137. Springer, Berlin, Heidelberg.

3   Matheny, N. y Clark, J. R. 1998. *Trees and development: A technical guide to preservation of trees during land development.* International Society of Arboriculture. Atlanta.

4   Passola, G. 2006. *Apuntes de raíces y trasplantes.* Cuadernos de Arboricultura, 2. Asociación Española de Arboricultura. Valencia.

5   Wohlleben, P. 2018. *La vida secreta de los árboles.* Obelisco. Barcelona.

6   Hallé, F. 2016. *Elogio de la planta. Por una nueva biología.* Los Libros del Jata. Bilbao.

7   Cabal, C.; Martínez-García, R.; Castro Aguilar, A.; Valladares, F. y Pacala, S. 2020. The exploitative segregation of plant roots. Science 370: 1197-1199.

8   Preece, C. y Peñuelas, J. 2019. A return to the wild: root exudates and food security. *Trends in Plant Science* 25(1): 14-21. DOI: 10.1016/j. tplants.2019.09.010

9   Jahren, H. 2018. *La memoria secreta de las hojas.* Paidós. Barcelona.

10 Tassin, J. 2019. *Pensar como un árbol.* Plataforma Editorial. Barcelona.

11 Selosse, M. A. 2019. Micorrizas: la simbiosis que conquistó la tierra firme. *Investigación y Ciencia* 516: 36-43.

12 Beiler, K. J.; Durall, D. M.; Simard, S. W.; Maxwell, S. A. y Kretzer, A. M. 2010. Architecture of the woodwide web: *Rhizopogon* spp. genets link multiple Douglas-fir cohorts. *New Phytologist* 185: 543-553.

13 Alonso, J. R. 2017. *Botánica insólita.* Next Door Publishers. Pamplona.

14 Vargas-Silva, G. 2019. Biomecánica de los árboles: crecimiento, anatomía y morfología. *Madera y Bosques* 25(3): e2531712. DOI: 10.21829/ myb.2019.2531712

15 Valladares, F. y Niinemets, Ü. 2007. The architecture of plant crowns: from design rules to light capture and performance. En: Pugnaire, F. y Valladares, F. (eds.). *Functional plant ecology.* Second edition. CRC Press. Boca Ratón, Florida. Pp. 101-149. DOI: 10.1201/9781420007626.ch4

16 Otaola Urrutxi, M. 2019. Resultados de una gestión selvícola en el límite del inicio de la competencia en masas regulares de *Pinus radiata* D. Don en Balmaseda, País Vasco. *Foresta* 74: 54-62.

17 Charco García, J. 2002. Introducción al estudio de la velocidad de regeneración natural del bosque mediterráneo y de los factores antropozoógenos que la condicionan. En: Charco, J. (coord.). *La regeneración natural del bosque mediterráneo en la península ibérica.* Asociación para la Recuperación de los Bosques Autóctonos. Ciudad Real. Pp. 115-152.

18   Vázquez-Piqué, J.; Natalini, F. y Alejano, R. 2019. Influencia de factores climáticos en la probabilidad de existencia de anillos ausentes: el caso del pino piñonero en el suroeste peninsular. *IV Reunión del grupo de Ecología, Ecofisiología y Suelos Forestales de la SECF: Bases ecológicas para la gestión adaptativa de sistemas forestales.* Alcalá de Henares, 8 y 9 de mayo de 2019.

19   Turbenville, H. W. y Hough, A. F. 1939. Errors in age counts of suppressed trees. *Journal of Forestry* 37: 417-418.

20   Ballesteros, J.; Bodoque, J.; Díez-Herrero, A.; Génova, M.; Gutiérrez, E.; Moya, J. *et al.* 2010. *Dendrogeomorfología. Los árboles, fuente de conocimiento de los procesos y desastres naturales.* Asociación Española de Arboricultura – Sociedad Española de Geomorfología – Diputación Provincial de Toledo. Valencia.

21   Hesse, H. 2013. *El Caminante.* Caro Raggio. Madrid.

22   Bravo, F.; del Peso. C.; Bravo-Oviedo, A.; Osorio, L. F.; Gallardo, J. F.; Merino, A. y Montero, G. 2007. Impacto de la gestión forestal sobre el efecto sumidero de los ecosistemas forestales. En: Bravo F. (ed.) *El papel de los bosques españoles en la mitigación del cambio climático.* Fundación Gas Natural. Barcelona. Pp. 113-141.

23   Kanninen, M. Secuestro de carbono en bosques, su papel en el ciclo global. http://www.fao.org/3/y4435s/y4435s09.htm.

24   Pardos, J. A. 2010. *Los ecosistemas forestales y el secuestro de carbono ante el calentamiento global.* Instituto Nacional de Investigación y Tecnología Agraria y Alimentaria. Madrid.

25   Macías, F. y Calvo de Anta, R. 2001. Los suelos de Galicia. En: Sociedade para o Desenvolvemento Comarcal de Galicia (Ed). *Atlas de Galicia.* Tomo 1: Medio Natural. Pp. 173-217. Consellería de Presidencia, Xunta de Galicia. Santiago de Compostela.

26   Lecina-Díaz, J.; Álvarez, A.; Regos, A.; Drapeau, P.; Paquette, A.; Messier, C. y Retana, J. 2018. The positive carbon stocks–biodiversity relationship in forests: co-occurrence and drivers across five subclimates. *Ecological Applicacion* 28(6): 1481-1493. DOI: 10.1002/bes2.1424

27   Puig, A. y Ramoneda, P. 2000. *Palmeras, un reino vegetal.* Floraprint España. Valencia.

28   Pellegrini, A. *et al.* 2017. Convergence of bark investment according to fire and climate structures ecosystem vulnerability to future change. *Ecology letters* 20(3): 307-316. DOI: 10.1111/ele.12725

29   García Gómez, E. 2014. *La naturaleza en Toledo. Ciencias naturales en la ciudad.* DB Comunicación. Toledo.

30   Raven, P. H.; Evert, R. F. y Eichhorn, S. E. 1992. *Biología de las plantas.* Reverté. Barcelona.

31   Rojas González, J. A. 2019. *Fructosa-1,6-biofosfatasa cloroplastídica y citosólica: importancia en la síntesis y distribución de carbohidratos en plantas.* Tesis doctoral. Universidad de Granada.

32   Daubenmire, R. F. 1990. *Ecología vegetal. Tratado de autoecología de las plantas.* Limusa. Ciudad de México.

33   Martínez Sabater, J. 1996. Los colores del otoño. *La Cultura del Árbol* 12: 41-42.

34   Karageorgou, P.; Buschmann, C. y Manetas, Y. 2008. Red leaf color as a warning signal against insect herbivory: honest or mimetic? *Flora* 203(8): 648-652.

35   Lev-Yadun, S.; Holopainen, J. K.; Sinkkonen, A. y Yamazaki, K. 2012. Spring versus autumn leaf colours: evidence for different selective agents and evolution in various species and floras. *Flora* 207(1): 80-85.

36 Hallé, F. 2019. *Alegato por el árbol.* Libros del Jata. Bilbao.

37 Ruiz de la Torre, J. 2006. *Flora Mayor.* Organismo Autónomo Parques Nacionales. Madrid.

38 http://www.nucleodiversus.org/index.php?mod=caracter&id=24

39 Peaucelle, M.; Janssens, I. A.; Stocker, B. D.; Descals Ferrando, A.; Fu, Y. H.; Molowny-Horas, R.; Ciais, P. y Peñuelas, J. 2019. Spatial variance of spring phenology in temperate deciduous forests is constrained by background climatic conditions. *Nature Communications* 10(1): 5388. DOI: 10.1038/s41467-019-13365-1

40 Svendsen, C. R. 2001. Effects of marcescent leaves on winter browsing by large herbivores in northern temperate deciduous forests. *Alces* 37(2): 475-482.

41 Abadía, A.; Gil, E.; Morales, F.; Montañés, L.; Monserrat, G. y Abadía, J. 1996. Marcescence and senescence in a submediterranean oak (*Quercus subpyrenaica* E. H. del Villar): photosynthetic characteristics and nutrient composition. *Plant, Cell & Environment* 19: 685-694.

42 Reille, M. y Pons, A. 1992. The ecological significance of sclerophyllous oak forests in the Western part of the Mediterranean Basin: a note on pollen analytical data. *Vegetatio* 99-100: 13-17.

43 González Bernáldez, F. 1992. La frutalización del paisaje mediterráneo. En: Chaves, M.; Blanc, J. y Cremonese, G. (eds.). *Paisaje mediterráneo.* Electa. Milán. Pp. 136-140.

44 Kesseler, R. y Harley, M. 2009. *Pollen: the hidden sexuality of flowers.* Papadakis. Winterbourne.

45 Niklas, K. J. 1987. Aerodinámica de la polinización eólica. *Investigación y Ciencia* 132: 68-74.

46 Del Moral, A.; Senent, C.; García, E. y Pérez, R. 2015. *Manual de alergopalinología. Plantas, pólenes y proteínas.* Laboratorios Diater. Toledo.

47 Attenborough, D. 1995. *La vida privada de las plantas. Historia natural del comportamiento botánico.* Ed. Planeta. Barcelona.

48 Harder, L. D. y Barrett, S. C. H. 2006. *Ecology and evolution of flowers.* Oxford University Press. Oxford.

49 Narbona, E.; Buide, M. L.; Casimir-Soriguer, I. y del Valle, J. C. 2014. Polimorfismo de color floral: causas e implicaciones evolutivas. *Ecosistemas* 23(3): 36-47. DOI: 10.7818/ECOS.2014.23-3.06

50 Ojeda, D. I.; Santos-Guerra, A.; Oliva-Tejera, F.; Valido, A.; Xue, X.; Marrero, A.; Caujapé-Castells, J. y Cronk, Q. 2013. Bird-pollinated Macaronesian *Lotus* (Leguminosae) evolved within a group of entomophilous ancestors with post-anthesis flower color change. *Perspectives in Plant Ecology, Evolution and Systematics* 15: 193-204. DOI: 10.1016/j.ppees.2013.05.002

51 Jara, D. G. 2018. *El reino ignorado.* Ariel. Barcelona.

52 Mancuso, E. y Viola, A. 2015. *Sensibilidad e inteligencia en el mundo vegetal.* Galaxia Gutenberg. Barcelona.

53 Gil, L.; Alonso, J.; Aranda, I.; González, I.; Gonzalo, J.; López, U. *et al.* 2010. *El Hayedo de Montejo. Una gestión sostenible.* Comunidad de Madrid. Madrid.

54 Pelt, J. M.; Mazoyer, M.; Monod, T. y Girardon, J. 2001. *La historia más bella de las plantas. Las raíces de nuestra vida.* Anagrama. Barcelona.

55 Farré-Armengol, G.; Filella, I.; Llusià, J. y Peñuelas, J. 2015. Pollination mode determines floral scent. *Biochemical Systematics and Ecology* 61: 44-53. DOI: 10.1016/j.bse.2015.05.007

56 García Gómez, E. 2013. El sexo sí importa. El caso de los árboles ornamentales. *La Cultura del Árbol* 66: 45-47.

57   García Gómez, E.; Pérez Badia, R. y Moral de Gregorio, A. 2017. Flora leño-
      sa ornamental alergénica en España. *La Cultura del Árbol* 77: 10-19.
58   Mancuso, E. 2017. *El futuro es vegetal.* Galaxia Gutenberg. Barcelona.
59   Herrera, C. M. 2001. Dispersión de semillas por animales en el Mediterrá-
      neo: ecología y evolución. En: Zamora, R. y Pugnaire, F. I. (eds.). *Ecosistemas
      mediterráneos. Análisis funcional.* CSIC-AEET. Granada. Pp. 123-152.
60   Morales, R. 2018. Frutos explosivos: una estrategia de diseminación activa.
      Quercus 386: 28-34.
61   Fernández-Martínez, M.; Pearse, I.; Sardans, J.; Sayol, F.; Koenig, W. D.; La-
      Montagne, J. M. *et al.* 2019. Nutrient scarcity as a selective pressure for mast
      seeding. *Nature Plants* 5: 1222-1228. DOI: 10.1038/s41477-019-0549-y
62   Carbonero Muñoz, M. D.; García Moreno, A. y Fernández Rebollo, P. 2012.
      Caracterización del comportamiento vecero de la encina mediante distin-
      tos índices. En: Canals, R. M. y San Emeterio, L. (eds.). *Nuevos retos de la
      ganadería extensiva: un agente de conservación en peligro de extinción. 51 Reunión
      Científica de la SEEP.* Pamplona, 14-18 de mayo de 2012.
63   García Moreno, A. M.; Carbonero Muñoz, M. D.; Leal Murillo, J. R.; Mo-
      reno Elcure, F. y Fernández Rebollo, P. 2013. Efecto de la intensidad del
      pastoreo en la vecería, sincronía y producción de bellota de la encina en la
      dehesa. *Actas del 6º Congreso Forestal Español.* Vitoria, 10-14 de junio de 2013.
64   Gómez del Campo, M. y Rapoport, H. 2008. De la yema al desarrollo inicial
      de la aceituna. Descripción de la iniciación floral, floración, cuajado, caída
      de frutos y endurecimiento del hueso. *Revista Agricultura.* Mayo 08: 400-406.
65   García Gómez, E. 2015. *Estudio etnobotánico y etnográfico en relación a los frutos
      de las diferentes especies del género Quercus (Fagaceae) en la península Ibérica.* Tesis
      doctoral. Universidad de Castilla-La Mancha.
66   Bueno, P.; Barroso, R. M.; Balbín, R.; Campo, M.; González, A.; Etxeberría,
      F.; *et al.* 2003. Alimentación y economía en contextos habitacionales y fune-
      rarios del Neolítico meseteño. *Actas del III Congreso del Neolítico en la Penínsu-
      la Ibérica.* Universidad de Cantabria. Santander. Pp. 83-92.
67   Blanco, E.; Costa, M.; Morla, C. y Sainz, H. (eds.) 1998. *Los bosques ibéricos.
      Una interpretación geobotánica.* Planeta. Barcelona.
68   Rindos, D. 1990. *Los orígenes de la agricultura. Una perspectiva evolucionista.* Be-
      llaterra. Barcelona.
69   Castro Díez, M. P. 2002. Factores que limitan el crecimiento de la vegetación
      leñosa mediterránea. Respuestas de las plantas: de órgano a comunidad. En:
      Charco, J. (coord.). *La regeneración natural del bosque mediterráneo en la penín-
      sula ibérica.* Asociación para la Recuperación de los Bosques Autóctonos. Ma-
      drid. Pp. 47-85.
70   Kummerow, J. 1981. Structure of roots and root systems. En: Di Castri, F.;
      Goodall, D. W. y Specht, R. T. (eds.). *Ecosystems of the world, 11: Mediterra-
      nean-type shrublands.* Elsevier. Amsterdam. Pp. 269-288.
71   Ross, J. D. y Sombrero, C. 1991. Environmental control of essential oil pro-
      duction in Mediterranean plants. In: Harbone, J. B y Tomás-Barberán, F. A.
      (eds.). *Ecological chemistry and biochemistry of plant terpenoids.* Clarendon Press.
      Oxford. Pp. 83-94.
72   Turner, N. C. 1986. Adaptation to water deficits: a changing perspective. *Aus-
      tralian Journal of Plant Physiology* 13: 175-190. DOI: 10.1071/PP9860175
73   Paula, S.; Arianoutsou, M.; Kazanis, D.; Tavsanoglu, Q. y Lloret, F. 2009.
      Fire-related traits for plant species of the Mediterranean Basin. *Ecology* 90(5):
      1420. DOI: 10.1890/08-1309.1

74   Milewski, A. V.; Young, T. P. y Madden, D. 1991. Thorns as induced defenses: experimental evidence. *Oecologia* 86(1): 70-75. DOI: 10.1007/BF00317391

75   Gómez, J. R. y Zamora, R. 2002. Thorns as induced mechanical defense in a long-lived shrub (*Hormathophylla spinosa, Cruciferae*). *Ecology* 83(4): 885-890. DOI: 10.1890/0012-9658(2002)083[0885:TAIMDI]2.0.CO;2.

76   Halpern, M.; Raats, D. y Lev-Yadun, S. 2007. Plant biological warfare: thorns inject pathogenic bacteria into herbivores. *Environmental Microbiology* 9(3): 584-592. DOI: 10.4161/psb.2.6.4608

77   Sosa Díaz, T. 2003. *Contribución al estudio de las funciones ecológicas que pueden desempeñar los compuestos derivados del metabolismo secundario en Cistus ladanifer L.* Tesis doctoral. Universidad de Extremadura.

78   Mergen, F. 1959. A toxic principle in the leaves of Ailanthus. *Botanical Gazette* 121: 32-36.

79   Wang, L.; Beuerle, T.; Timbilla, J. y Ober, D. 2012. Independent recruitment of a flavin-dependent monooxygenase for safe accumulation of sequestered pyrrolizidine alkaloids in grasshoppers and moths. PLoS ONE 7(2): e31796. DOI: 10.1371/journal.pone.0031796

80   De Frenne, P.; Zellweger, F.; Rodríguez-Sánchez, F. *et al.* 2019. Global buffering of temperatures under forest canopies. *Nature Ecology and Evolution* 3: 744–749. DOI: 10.1038/s41559-019-0842-1

81   Alkama, R. y Cescatti, R. 2016. Biophysical climate impacts of recent changes in global forest cover. *Science* 351: 600-604. DOI: 10.1126/science.aac8083

82   https://upcommons.upc.edu/bitstream/handle/2117/93436/03JMot-03de12.pdf

83   Karavani, A.; Boer, M. M.; Baudena, M.; Colinas, C.; Díaz-Sierra, R.; Pemán, J. *et al.* 2018. Fire-induced deforestation in drought-prone Mediterranean forests: drivers and unknowns from leaves to communities. *Ecological Monographs* 88(2): 141–169. DOI: 10.1002/ecm.1285

84   Myers, N.; Mittermeier, R. A.; Mittermeier, C. G; da Fonseca, G. A. B. y Kent, J. 2000. Biodiversity hotspots for conservation priorities. *Nature* 403: 853-858. DOI: 10.1038/35002501

85   https://www.iucn.org/sites/dev/files/import/downloads/el_mediterraneo_un_punto_caliente_de_biodiversidad_amenazado.pdf

86   Stefanescu, C.; Aguado, L. O.; Asís, J. D.; Baños-Picón, L.; Cerdá, X.; *et al.* 2018. Diversidad de insectos polinizadores en la península ibérica. *Ecosistemas* 27(2): 9-22. DOI: 10.7818/ECOS.1391

87   Cowling, R. M; Rundel, P. W.; Lamont, B. B.; Arroyo, M. K. y Arianoutsou, M. 1996. Plant diversity in the mediterranean-climate regions. *Trends in Ecology and Evolution* 11: 362-366. DOI: 10.1016/0169-5347(96)10044-6

88   Zhu, Z.; Piao, S.; Myneni, R. *et al.* 2016. Greening of the Earth and its drives. *Nature Climate Change* 6: 791-795. DOI: 10.1038/nclimate3004

89   Choat, B.; Brodribb, T. J.; Brodersen, C.; Duursma, R. A.; López, R. y Medlyn, B. E. 2018. Triggers of tree mortality under drought. *Nature* 558: 531-539. DOI: 10.1038/s41586-018-0240-x

90   Vissher, H.; Sephton, M. A. y Looy, C. V. 2011. Fungal virulence at the time of the end-Permian biosphere crisis? *Geology* 39(9): 883-886. DOI: 10.1130/G32178.1

91   Yu, K.; Smith, W. K.; Trugman, A. T.; Condit, R.; Hubbell, S. P.; Sardans, J. *et al.* 2019. Pervasive decreases in living vegetation carbon turnover time across forest climate zones. *Proceedings of the National Academy of Sciences* (*PNAS*) 116(49): 24662-24667. DOI: 10.1073/pnas.1821387116

92 Martínez, L.; Cara, J.A.; Cano, J.; Gallego, T.; Romero, R. y Botey, R. 2018. *Selección de especies de interés fenológico en la península ibérica e islas Baleares*. AEMET-Ministerio para la Transición Ecológica. Madrid.

93 García-Mozo, H.; Maestre, A. y Galán, C. 2010. Phenological trends in southern Spain: a response to climate change. *Agricultural and Forest Meteorology* 150: 575-580. DOI: 10.1016/j.agrformet.2010.01.023

94 Peñuelas, J.; Filella, I. y Comas, P. 2002. Changed plant and animal life cycles from 1952 to 2000 in the Mediterranean region. *Global Change Biology* 9: 531-544. DOI: 10.1046/j.1365-2486.2002.00489.x

95 FAO. Beneficio de los árboles urbanos. http://www.fao.org/resources/infographics/infographics-details/es/c/411598/

96 Reigosa Roger, M. J. y Carballeira Ocaña, A. 1992. *La alelopatía y su papel en las comunidades vegetales*. Universidad de Santiago de Compostela.

97 Rice, E. L. 1984. *Allelopathy*. Academic Press. Orlando.

98 Robles, C.; Bonin, G. y Garcino, S. 1999. Autotoxic and allelopathic potentials of *Cistus albidus* L. *Comptes Rendus de l'Academie des Sciences, Serie III: Sciences de la Vie* 322: 677-685.

99 Pugnaire, F. I.; Armas, C. y Tirado, R. 2001. Balance de las interacciones entre plantas en ambientes mediterráneos. En: Zamora, R. y Pugnaire, F. I. (eds.). *Ecosistemas mediterráneos. Análisis Funcional*. CSIC y AEET. Granada. Pp. 213-235.

100 López Mosquera, M. E. y Guillén, L. 1993. Primeros datos sobre el empleo de corteza de pino tratada para el control de malas hierbas. *Actas del Congreso de la Sociedad Española de Malherbología*. Pp. 272-275.

101 Muller, C. H. 1966. The role of chemical inhibition (allelopathy) in vegetational composition. *Bulletin of the Torrey Botanical Club* 93(5): 332-351.

102 Baldwin I. T. y Schultz J. C. 1983. Rapid changes in tree leaf chemistry induced by damage: evidence for communication between plants. *Science* 221(4607): 277-279. DOI: 10.1126/science.221.4607.277

103 Haskell, D. G. 2019. En un metro de bosque. Un año observando la naturaleza. Turner Noema. Madrid.

104 Blée, E. 2002. Impact of phyto-oxylipins in plant defense. *Trend in Plant Science* 7: 315-321. DOI: 10.1016/s1360-1385(02)02290-2

105 Vicente Conde, J. 2012. *Análisis químico y funcional de oxilipinas involucradas en defensa frente a patógenos*. Tesis doctoral. Facultad de Ciencias. Universidad Autónoma de Madrid.

106 Anhäuser, M. 2007. Der stumme Schrei der Limabohne. *MaxPlanck Forschung* 3.

107 Steidinger, B. S.; Crowther, T. W.; Liang, J.; Van Nuland, M. E.; Werner, G. D. A.; Reich, P. B. *et al.* 2019. Climatic controls of decomposition drive the global biogeography of forest-tree symbioses. *Nature* 569: 404-408. DOI: 10.1038/s41586-019-1128-0

108 Teste, F. P.; Simard, S. W.; Durall, D. M.; Guy, R. D.; Jones, M. D. y Schoonmaker, A. L. 2009. Access to mycorrhizal networks and roots of trees: importance for seeding survival and resource transfer. *Ecology* 90(10): 2808-2822. DOI: 10.1890/08-1884.1

109 Beiler, K. J.; Durall, D. M.; Simard, S. W.; Maxwell, S. A. y Kretzer, A. M. 2010. Architecture of the wood-wide web: *Rhizopogon* spp. genets link multiple Douglas-fir cohorts. *New Phytologist* 185: 543-553. DOI: 10.1111/j.1469-8137.2009.03069.x

110 Gorzelak, M. A.; Asay, A. K.; Pickles, B. J. y Simard, S. W. 2015. Inter-plant

communication through mycorrhizal networks mediates complex adaptive behaviour in plant communities. *AoB Plants* 7: plv050. DOI: 10.1093/aobpla/plv050

111   Zamora, R.; Gómez, J. M. y Hódar, J. A. 2001. Las interacciones entre plantas y animales en el Mediterráneo: importancia del contexto ecológico y el nivel de organización. En: Zamora, R. y Pugnaire, F. I. (eds.). *Ecosistemas mediterráneos. Análisis Funcional.* CSIC y AEET. Granada. Pp. 371-393.

112   Benito, L. F.; Villar-Salvador, P.; García-Viñas, J. I. y Gastón, A. 2012. *Juniperus sabina* L. En: Pemán J.; Navarro-Cerrillo R. M., Nicolás J. L.; Prada, M. A. y Serrada, R. (coords.). 2012. *Producción y manejo de semillas y plantas forestales.* Tomo I. Organismo Autónomo Parques Nacionales. Pp. 677-685.

113   Nickrent, D. L. 2002. Plantas parásitas en el mundo. En: López-Sáez, J. A.; Catalán, P. y Saéz, L. (eds.). *Plantas parásitas de la Península Ibérica e Islas Baleares.* Mundi-Prensa. Madrid. Pp. 7-27.

114   López-Sáez, J. A.; Catalán, P. y Sáez, L. (eds.). 2002. *Plantas parásitas de la Península Ibérica e Islas Baleares.* Mundi-Prensa. Madrid.

115   Spribille, T.; Tuovinen, V.; Resl, P.; Vanderpool, D. *et al.* 2016. Basidiomycete yeasts in the cortex of ascomycete macrolichens. *Science* 353: 488-492. DOI: 10.1126/science.aaf8287

116   Rose, C. I. y Hawksworth, D. L. 1981. Lichen recolonization in London´s cleaner air. *Nature* 289: 289-292. DOI; 10.1038/289289a0.

117   Sarrión Torres, F. J. y Burgaz Moreno, A. R. 2002. Los líquenes epífitos como bioindicadores de la regeneración natural de los bosques mediterráneos de fagáceas. En: Charco, J. (coord.). *La regeneración natural del bosque mediterráneo en la península ibérica.* Asociación para la Recuperación de los Bosques Autóctonos. Madrid. Pp 47-85.

118   Rose, F. 1974. The epiphytes of oak. En: Morris, M. G. y Perring, F. H. (ed.). *The British Oak, its histoy and natural history.* Fadingdon. Classey. Pp. 250-273.

119   Nieves-Aldrey, J. L. 1998. Insectos que inducen la formación de agallas en las plantas: una fascinante interacción ecológica y evolutiva. *Boletín Sociedad Entomológica Aragonesa* 23: 3-12.

120   Mani, M. S. 1964. *The Ecology of Plant Galls.* W. Junk Publishers. The Hague.

121   Lonsdale, D. (ed.). 2013. *Ancient and other veteran trees; further guidance on management.* The Tree Council, London.

122   Grove, S. J. 2002. Saproxylic insect ecology and the sustainable management of forests. *Annu. Rev. Ecol. Syst.* 33: 1-23.

123   Guixé, D. y Camprodon, J. (eds.). 2018. *Manual de conservación y seguimiento de los quirópteros forestales.* Ministerio de Agricultura, Pesca y Alimentación – Ministerio para la Transición Ecológica. Madrid.

124   Gil-Tena, A.; Brotons, L y Saura, S. 2010. Effects of forest landscape change and management on the range expansion of forest bird species in the Mediterranean region. *Forest Ecology and Management,* 259 (7).

125   Salazar, A.; Fürstenau, B.; Quero, C.; Pérez-Hidalgo, N.; Carazo, P.; Font, E. y Martínez-Torres, D. 2015. Aggressive mimicry coexists with mutualism in an aphid. *Proceedings of the National Academy of Sciences* (PNAS). DOI: 10.1073/pnas.1414061112

126   Sardans, J.; Llusià, J.; Niinemets, Ü.; Owen, S. y Peñuelas, J. 2010. Foliar mono- and sesquiterpene contents in relation to leaf economic spectrum in native and alien species in Oahu (Hawaii). *Journal of Chemical Ecology* 3(2): 210-226. DOI: 10.1007/s10886-010-9744-z

127   (1) Park, B. J.; Tsunetsugu, Y.; Kagawa, T. y Miyazaki, Y. 2010. The physiological

effects of Shinrin-yoku (taking in the forest atmosphere or forest bathing): evidence from field experiments in 24 forests across Japan. Environ Health Prev Med 15(1): 18-26. DOI: 10.1007/s12199-009-0086-9

128   Hunter, M. C.; Gillepie, B. W. y Chen, S. 2019. Urban Nature Experiences Reduce Stress in the Context of Daily Life Based on Salivary Biomarkers. *Front. Psychol.* DOI: 10.3389/fpsyg.2019.00722

129   Ideno, Y.; Hayashi, K.; Abe, Y.; Ueda, K.; Iso, H.; Noda, M.; Lee, J. S. y Suzuki, S. 2017. Blood pressura-lowering effect of shinrin-yoku (Forest bathing): a systematic rewiew and meta-analysis. *EBMC Complement Altern Med.* 17(1):409. DOI: 10.1186/s12906-017-1912-z

130   Pahissa Espluga, M. (coord.) 2017. *Baños de bosque, una propuesta de salud.* Instituto DKV de la Vida Saludable. Zaragoza.

131   Li, Q. 2019. Effect of forest bathing (Shinrin-yoku) on human health: a review of the literature. *Public Health* HS(S1): 135-143 DOI: 10.3917/spub.190.0135

132   Rojas-Rueda, D.; Nieuwenhuijsen, M. J.; Gascon, M.; Pérez-León, D y Mudu, P. 2019. Green spaces and mortality: a systematic rewiew and meta-analysis of cohort studies. *The Lancet Planetary Health* 3: e469-77. DOI: 10.1016/S2542-5196(19)30215-3